原來，食物這樣煮才好吃！

150 Food Science Questions Answered

從用油、調味、熱鍋、選食材到保存，
150 個讓菜色更美味、廚藝更進步的料理科學

BRYAN LE———— 著　　王曼璇————譯

謝辭

致我的妻子伊凡，
她教我開心過每一天。

目次

Chapter 1

烹飪基礎
Cooking Basics

Chapter 2

調味基礎
Flavor Basics

Chapter3

 ## 肉類 & 魚類
Meat, Poultry and Fish

Chapter 4

蛋類 & 奶類
Eggs and Dairy

Chapter5

水果 & 蔬菜
Fruits and Vegetables

Chapter6

烘焙 & 甜點
Baking and Sweets

Chapter7

食品安全 & 保存
Food Safety and Storage

食物背後的科學，
讓烹飪更有趣

國立臺灣大學生化科技學系副教授　陳彥榮

「你可以說這本書是美食科學書，但你也可以說這是一本神級大廚必讀的武功祕笈。」

一場精采的魔術可以讓觀眾讚嘆，為何能變出如此吸引人的把戲。但是，如果偷偷繞到魔術師的身旁，偷看他的道具設計，巧妙機關的魔術瞬間就可能變成了一個逗逗觀眾的小把戲，一切只不過如此。

回到廚房，一道道美味佳餚出自於精湛的廚藝。美食家讚嘆的語句背後，是廚師臉上的一抹微笑。「這麼好吃?!怎麼煮出來的?!」這是我們吃美食後常見的反應，這裡面，其實就是堆疊著廚房的科學。在食材烹煮間的生化反應交錯下，刺激了我們的味蕾。廚房的魔術，就是一道道巧妙的生化原理，這本書帶著我走到了幕後，讓我看到魔術師如何變出一個個令人讚嘆的精采節目。

我是一個愛下廚的人，享受食物在烹煮過程中帶來的五感變化。在餐桌、課堂上，我喜歡分享我感受到的食品化學變化。當我看到這本書時，

心中第一個念頭就是，這真的可以當作大學中生物化學課程的通識版。每一個章節、作者引用描述的資料，都是可以看得到、聞得到與感受得到的真實的生物化學變化。

當把一塊生肉放在鍋內煎，一堆沾鍋增加了洗碗盤的負擔。這些沾鍋其實是蛋白質和金屬產生的化學鍵，牢牢的把肉和鍋子連結在一起，讓你得花更多力氣清洗。起司想要長期保鮮，一丟到冷凍庫後，整個口感遽變，這是因為水分從起司中的蛋白質和脂質跑出，形成小冰晶，破壞了口感。又如利用蒸煮的方式，讓蛋殼膜中的蛋白質可以快速加熱，並促進崩解（蛋白質變性），蛋殼就容易剝落，讓水煮蛋變得更好剝。書中將廚房裡的小小化學、物理變化，全部一點一滴揭露，讓你在享受美食，沉浸烹飪樂趣之餘，可以洞悉其中奧祕。

我們這些生化學家最愛說的一句話，就是「生化、生活化」。生物化學已經圍繞在我們身邊。現在的食品生化學科技，已經走向分子化學層次的製造、改質。透過對於食材的分子、化學理解，可以造就不同的口感、不同的風味感受。例如，單從麵條的形狀，圓柱、寬版已經不稀奇，十字型、花瓣型的麵條更能和料理風味融合。透過特殊酵素的修飾，更賦予食材不同面貌。而在廚房，我們也可以走向分子廚房，透過本書，呈現食材背後的生物化學，在烹飪之餘，多了許多科學樂趣，掌握這些奧祕，我想你會更愛待在廚房，做出一道道能講故事的料理。在吃美食的同時，可以描繪出每一口的分子跳動。

透過科學，
讓食物更美味

俗話說得好：「是人就得吃。」無論你是誰、來自哪裡、從事哪種職業、做什麼工作、宗教信仰為何，都必須吃（而且一天至少好幾餐）。

事實上，成長過程中我不太重視食物，對我來說食物一直不太重要，我也不是個會挑食的人。吃之於我是獲取能量的方式，讓我可以研讀科學或在我的車庫實驗室裡做實驗。我就是花時間蒐集蟲子、混合化學物質、培養黴菌取樂的小書呆子。很自然地，大學時我研讀化學，雖然喜歡上課及學習化學反應、化學結構和熱力學，但畢業後仍不知道下一步該往哪裡走。對未來方向感到絕望的我，花了六個月時間從洛杉磯走到紐奧良，長達兩千三百公里，只為釐清思緒。

回到洛杉磯時，與最終成為妻子的女性重新取得聯繫，接下來的數年，我嘗試各種事情，想找出真正想專精的事。在此期間，我未來的妻子開始帶我嘗試各種不同的料理，一開始是經常造訪餐廳，後來就在我們的廚房。我們學著一起煮飯（她還是比較會煮），我開始重視食物，而不只是當作提供活動能量的來源。那時熱愛食物的女友影響了我，我們一起在烹飪與享受美食中度過了許多快樂時光。

那段時光裡的某個時刻，我在大學圖書館裡停了下來，發現一本關於食物及風味化學的研究期刊，我的第一個想法是：「這個也可以研究？！」我拿了這本期刊的複本，開始閱讀讓食物吃起來更美味的科學原理，我從未想過這也可以是學術研究領域。這本期刊改變了我，再度激發我學習及挖掘知識的欲望，於是我申請了食物科學的研究生課程。

在這門課程中，我開始和其他熱愛食物的人見面，他們都願意花數年時間研究食物，他們的熱情相當具感染力，我開始讀更多科學、科技及食物相關的書，並結合我本身的化學知識及理解，以期帶給人們更多吃得快樂、吃得安心的食物。我驚訝地發現，透過控制溫度、濕度、酸度、鹽分含量，幾乎可以神奇地改變煎牛排或炒菜呈現的風味，也對新鮮麵包香氣背後複雜的化學反應印象深刻。我也非常享受於以精確比例的成分做出完美、美味，或令人雀躍的食物，就跟我在實驗室結合化學藥品一樣（好啦，美味的部分除外）。

學習直接且科學的方式，可以讓我改變或操控食物，以便做出更好吃的餐點，並幫助我成為更好的廚師。深入了解以前未曾發現的食物科學，以及烹煮食物時呈現的各面向，也讓我更珍惜呈現在我面前的每一餐。我希望這篇關於食物科學的引言，將帶給你相同的啟發與讚賞。

CHAPTER 1

烹飪基礎
Cooking Basics

烹飪容易讓人手足無措,一開始決定要學更多料理及食物知識時,我不確定該從何開始,有太多問題了,於是我決定從基礎學起,將學過的化學及物理原則運用於烹飪上。在本章裡,你將會看到一系列廣泛的問題,幫助探索食物背後的科學並解開某些誤解。

▲

Q₀₁ 什麼是烹飪？

| A | 將生食經過處理，成為美味食物的過程。

科學原理 烹飪是讓生的食物轉為可食用、有營養，也可以說是美味的食物。許多烹煮過程都立於生物學、化學、物理學的基礎上，例如我們的風味經驗大多都源於化學反應，像是高溫下胺基酸與糖分間的反應，而食物軟化則是熱水分子與澱粉顆粒交互作用的結果。正如科學可以解釋自然世界中發現的許多進程，科學理論也可以充分闡述烹飪技巧背後的原理，以及烹飪學問中的知識。

我們從基礎開始吧！為了促進烹飪時的化學及物理轉化作用，必須從外部引進能量來源，而長久以來，人類主要使用的能量來源是熱能，早期人類唯一使用的熱能來源是火，現代人則有各種熱能來源可供選擇，例如通過傳導、對流、輻射轉化的熱能。傳導是廚房中最常見的熱傳遞方式，熱能從某個物質或表面傳到另一個之上，例如，在熱平底鍋或烤架上加熱牛排。對流是烹飪中透過氣體或液體的熱傳導，典型方式是水、蒸氣、空氣，對流在廚房中的烹飪方式包括水煮蛋、汆燙蔬菜，以及旋風烤箱中熱空氣的流動。輻射是透過光粒子進行熱傳導，最常見的輻射熱傳遞就是微波爐，微波輻射可以快速提高水分充足的食物溫度。

懂得利用熱能，讓人類可以在自然中獲取廣大的潛在食物原料。熱能用於烹飪不僅能幫助食物散放香氣及改善口感，也能使導致腐壞及降低營養的酵素失去活性，分解毒素並殺死微生物病原體，獲得在生冷蔬果

及動物組織中無法取得的營養素。哈佛人類學者兼麥克阿瑟獎得主理查‧藍翰（Richard Wrangham）曾提出，從動物組織中獲取營養，使早期人類的腦部能進化成更強的大腦，「烹飪食物」可能是讓我們得以成為獨特人類的特殊力量。

你可以這樣做　烹飪是人類最初經歷、探索世界的方式。隨著人類進化，烹飪也跟著進化，我們已經過了單純把肉放在火上烤就結束的時期，透過了解烹飪的意義，並有效地運用相關的科學原理，每個人都可以做出營養且美味的佳餚，滿足心靈、身體及靈魂。

> **"**
>
> 懂得利用熱能，
> 讓人類可以在自然中獲取廣大的
> 潛在食物原料。
>
> **"**

Q_{02}　是否有某種材質，
能適用於所有廚具？

| A |　沒有，各材質都有優缺點。

`科學原理`　廚具由很多種不同材質製成，最常見的包括鐵、銅、鋁。每種金屬都有其特殊的物理及化學特性，可因應特定需求發揮良好作用。舉例來說，鐵是堅硬且密度高的金屬，可抵擋外部刺激，以鐵製成的廚具非常耐用（例如不鏽鋼、碳鋼、鑄鐵），因其密度高，保溫效果也較好，但鐵製廚具的主要缺點也正是這點，因為密度高，需要更多時間才能加熱至理想溫度。相對來說，鐵也是活性較高的金屬，所以鑄鐵、碳鋼類廚具如果沒有妥善保養，就會開始鏽蝕。因此，「不鏽鋼」是較理想的選項，因為是由鉻元素組成的合金，可抵禦含有水、空氣、酸、鹼成分導致的鏽蝕。「琺瑯鑄鐵」也是耐鏽蝕的材質，因為表面上了一層釉。

　　相較於鐵製廚具，鋁及銅製廚具也有不同的優點及缺點。鋁及銅有比金屬更高的熱傳導率，可以很快地導熱，即使熱度分布均勻，遠離熱源後溫度也會急速下降。鋁也是非常輕的材質，但相對保溫度較差，意味著燒熱的鋁鍋溫度，會在冷食材加入時下降。銅的高密度使其可以有效地維持及分散熱度，就像鐵一樣，也能很快地升溫與降溫。然而，銅與鋁的共同缺點是容易凹陷與彎曲，以及兩者活性都很高，容易將金屬溶於食物中。

　　鍍層不鏽鋼（all-clad）廚具解決了兩個缺點：不鏽鋼的低導熱率、銅及鋁的活性過高。鍍層不鏽鋼廚具底部是以鋁或銅為核心，由不鏽鋼材質包裹覆蓋。不鏽鋼可保護廚具遠離空氣、酸、潮濕導致的鏽蝕，變得更強韌

且耐用，底部的銅或鋁則可提升熱傳導。鍍層不鏽鋼的廚具底部，是在金屬外額外塗層，比起同樣尺寸但全不鏽鋼或其他金屬製品來說，此材質製成的廚具更重。

你可以這樣做　沒有真的適用於所有烹飪方式的材質。整體來說，鋼鐵製廚具適合需要高溫、良好保溫的烹飪方式，例如煎封、烤、炸。鋁製廚具是快速料理的最佳選擇，不需要太過控管溫度，例如水煮、蒸、炒。銅製廚具則適合用來煮精緻食物，因為需要其快速轉換溫度的能力，例如海鮮、醬料、焦糖、巧克力。

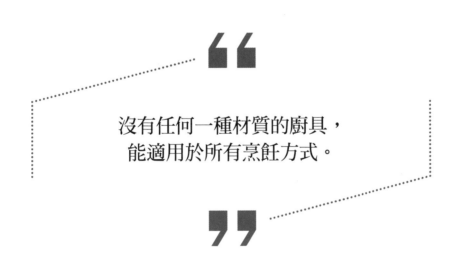

沒有任何一種材質的廚具，
能適用於所有烹飪方式。

Q₀₃ 鑄鐵鍋抹油會發生什麼結果？

｜A｜ 可在鍋子的表面形成防鏽、不易沾黏的塗層。

科學原理　烹飪過程中，很容易造成鑄鐵鍋的金屬裸露面生鏽並黏住食物，但抹油後就能在表面製成防鏽、不易沾黏的塗層。通常這道步驟會在開鍋時，以熱的肥皂水清洗以除去表面的殘留物，完全乾燥後在鑄鐵鍋上塗薄薄一層油（如果鍋底與把手都是鑄鐵材質也要抹油），將鑄鐵鍋放於加熱至攝氏 177 度的烤箱中一小時：熱度讓不飽和脂肪分子在空氣中與氧氣發生反應，生成過氧化物（類似過氧化氫），過氧化物會在一連串反應中，更進一步與鄰近的不飽和油脂分子形成連結，強化油脂成為薄薄的防水聚合物塗層。此過程中，鑄鐵鍋上的油脂塗層，本質上無異於植物油基底的塗料。反覆抹油並加熱鍋具 30 ～ 60 分鐘，就能加厚塗層，這就是為什麼使用鑄鐵鍋前，要重複上油三至四次的緣故。

你可以這樣做　鑄鐵鍋上油前，確保鍋子已徹底清洗並乾燥，接著放入烤箱加熱數分鐘，確認沒有任何水氣殘留後才能上油，可選用富含不飽和脂肪的油品，如玉米油、葵花油、亞麻仁油、橄欖油、葡萄籽油（椰子油不適用）。上過油的鑄鐵鍋可以負荷偶爾的酸性食材，但不能長期用來煮酸性食物。同樣地，不要讓上好油的鍋子浸在水裡，雖然油層可以阻擋水氣，但只要些許縫隙就可能讓水和空氣侵入，導致鍋子生鏽。

Q04 蒸氣真的比滾水燙嗎？

| **A** | 是的，因蒸氣比滾水有更多熱能。

科學原理　水是氫與氧兩種元素組成的分子，由兩個氫原子與一個氧原子組成米奇頭形狀（耳朵就是兩個氫原子）。氫是宇宙間最小的原子，只有一個孤單的電子圍繞著原子核，其包含著一個正電荷的質子，而氧則有八個電子，圍繞著有八個質子的原子核。當這三個原子結合，氫的電子受到氧的大原子核強烈吸引，這兩個額外帶負電的電子圍繞著氧，使氧分子也帶有些微負電。

兩個氫原子基本上已失去了電子，最後帶有輕微正電，就像約會一樣，化學鏈結與原子物理的世界中異性相吸。所以，如果兩個水分子靠近彼此，一個水分子中帶有些微負電的氧，會被鄰近水分子中帶有些微正電的氫吸引，這種吸引製造了兩個分子間的瞬時「黏著」，稱為氫鍵。任何數量的水中，都有大量的氫鍵持續成形、斷裂、重新成形，所有水分子都會與另一個一起移動。持續重新成形的鏈結形成強韌網絡，就是地球上的室溫水呈現液態的原因。

當水被加熱，水分子就會獲得能量，開始移動得更快，導致氫鍵更頻繁地斷裂，比重新成形更快，加速過程會一直持續至水達到攝氏100度沸點，水分子間更頻繁地移動，所有氫鍵斷裂，沒有任何東西維繫各個水分子，到這個階段水將轉為蒸氣，即水的氣體狀態。

沸騰水會一直維持攝氏 100 度的極限（或維持海平面氣壓下），因為每個帶有高能量的液態水分子達到既定溫度時，會自動轉為蒸氣以脫離廚具。換句話說，隨著溫度升高，蒸氣無法再轉換成其他形式。如果持續以熱能增加能量到蒸氣中，氣態水分子只會移動得越來越快，溫度就會攀升得越來越高。然而，廚房蒸氣的實際溫度，最高為攝氏 100 度，這是因為蒸氣脫離鍋子裡的滾水後，沒有再被添加額外能量。也就是說，如果蓋上鍋蓋密封，如同壓力鍋效果，蒸氣溫度可達攝氏 121 度。

水如何轉換為蒸氣？

蒸氣（Steam）

氫鍵
（Hydrogen Bonds）

隨著水（H_2O）吸收熱能，將水分子連結在
一起的氫鍵斷裂，水就轉為蒸氣。

比起滾水，蒸氣確實有更多熱能，因為斷開氫鍵需要更多能量，因此蒸氣產生的熱能可以比滾水產生的熱能，更快傳導到食物中。

你可以這樣做　　當你希望食物保持濕潤，但不要吸滿水時，「蒸食」是一種選擇。訣竅是確保蒸鍋的鍋蓋蓋緊，防止流失過多熱能及濕氣。但要記得，雖然蒸氣溫度可以高於水的沸點，食物中的水分仍然受限於沸點，你能在食物中感受到的最高溫就是攝氏 100 度。移開蒸鍋鍋蓋或壓力鍋開蓋時務必小心，蒸氣可能瞬間燙傷暴露的皮膚，甚至比滾水燙傷更嚴重。

Q_{05}　冷水能比溫水更快燒開嗎？

| A |　不能，冷水無法比溫水更快燒開。

科學原理　　從熱力學觀點來看，一壺溫水不需加熱太久就能到達沸點，所以能節省一點時間。那為什麼有人認為，冷水加熱會比溫水沸騰得更快呢？科學家推測此錯誤觀念源於水加熱的誤解。人們假設水加熱是線性升高，所以從攝氏 10 度加熱至 38 度，應該和攝氏 38 度加熱至 66 度一樣。但實際上，雖然最初熱能在冷水中加熱速度較快，隨著水變熱後傳導速度就會慢下來，並開始蒸發，透過輻射失去熱能（例如用鍋子煮水）。所以，加熱溫水 14 度的時間會比加熱冷水 14 度更久。即使如此，相較於溫水，冷水仍然必須攀升更多度才能抵達沸點。

如果你的目的是儘快將水煮沸，就從水龍頭中的溫水開始吧！但是某些情況下可以從冷水開始，即烹飪時確保熱能可平均分布於食物中，例如煮馬鈴薯時（請參考 p.142 的內容）。

Q 06 為什麼在高海拔處，水沸點會低於 212℉/100℃？

| A | 因為水分子及能量不足，故沸點會低於攝氏 100 度。

科學原理 如果你曾將一杯水放在桌上一段時間，可能會發現水會隨著時間蒸發，因為有些液態水分子在室溫下，剛好有足夠的能量與其他水分子斷裂，能以蒸氣或氣態脫離杯子，這段過程緩慢是因為室溫下沒有完整且足夠的能量，一旦周遭溫度上升，就會增加蒸發率。想想炎熱夏天時，水坑的水蒸發得有多快就能明白了。

沸騰跟蒸發也是一樣的過程，除了熱能傳遞的能量使水分子成為氣體，雖然過程要花點時間，你可能也發現，若將水煮開卻忘記關火近半小時，也會發生一樣的事。水煮沸需花時間的原因是，大氣的空氣分子占據了水壺的表面，想蒸發的水分子降低重量，以科學術語解釋就是「這些分子在施加空氣壓力」。如果我們將一杯水放在真空空間中，沒有空氣分子也幾乎沒有空氣壓力，即使是低溫水也會很快地蒸發成

氣態。但地球上有空氣分子組成厚厚的大氣層，對水分子施加壓力，讓蒸發過程變慢。高海拔區只有很少的空氣分子可以降低沸騰水壺中的水分子，也沒有足夠的能量讓水分子轉為氣體，也就是說水的沸點（開始轉為氣體）的溫度會低於攝氏 100 度。

你可以這樣做　儘管看似違反直覺，但在高海拔區烹飪，不管透過水或蒸氣進行熱傳導的時間都會更久，因為周遭溫度較低。想想以攝氏 149 度和攝氏 191 度烹煮羊腿的時間差，海拔高度每升高 152 公尺，水的沸點就會降低攝氏 0.5 度。海拔高度 914 公尺時，煮義大利麵需要比平常多 25％至 50％的時間，才能煮到與平地時一樣有彈性的口感。在海拔 1,524 公尺時，煮肉類的時間則會多出 25％（大多數食譜都是以海平面高度為準）。

同時，在高海拔區烹煮食物也會乾得更快，所以燉肉、燉菜、燒開水時都該使用蓋子緊扣的容器。在高海拔區烘焙時，烤箱溫度應設定比食譜所寫的高出攝氏 8 至 14 度，烘烤時間應減少 20％至 30％，以應對較高的烤箱溫度。

Q07 在水裡加油，可以防止義大利麵沾黏嗎？

| A | 不行，因為油的密度比水小，會浮在水面上。

科學原理 義大利麵是由大量澱粉所製，澱粉是非常大的分子，由直長且分支的索狀糖分子組成。煮義大利麵的過程中，這些澱粉分子會像小海綿一樣吸收水分，煮完後有些澱粉表面會變得出奇黏膩，就像糖溶於水後的黏膩感。這些澱粉分子會在烹煮時溶於水，但如果鍋裡沒有足夠的水，水中充滿澱粉，義大利麵就會持續沾黏。普遍認為，在煮麵水裡加點油可以讓義大利麵條不沾黏，這個論點的問題是油的密度比水小，會浮在水面上，因此煮義大利麵時無法包覆在麵條上。但是，撈起時油會附著在麵條上，可以防止麵條吸收任何水性基底的醬料。

你可以這樣做 要防止義大利麵互相沾黏，可在乾義大利麵（以 454 克為單位）中，至少加入 3.6 公升的水於大鍋中煮，烹煮時頻繁攪動即可。

> 油的密度比水小，會浮在水面上，
> 因此煮義大利麵時無法包覆在麵條上。

Q08   肉類和蔬菜的烹飪方式一樣嗎？

| A | 不一樣，因為成分也不同。

科學原理   食物烹煮的方式，取決於化學成分及食物中的化合物如何與熱發生反應。肉類與蔬菜的成分大多是水分，但肉類含有大量蛋白質、胺基酸、脂肪，蔬菜則由澱粉、纖維等複合式碳水化合物組成。加熱生肉時，肉的內部溫度升高，直至肌肉組織的細胞壁破裂，肉蛋白質的分子結構分解（也就是變性），在烹煮過程最後，肉會變得柔軟並釋出水分（我們稱為「肉汁」）。膠原蛋白是支撐肉類結締組織的主要蛋白質，烹煮中也會收縮、柔軟、釋出水分。隨著肉的溫度持續攀升，肉汁中的胺基酸、醣類也會一起發生反應並呈現褐色，形成我們認知中的肉味及香味（請參考下一頁的內容）。

蔬菜被烹煮時，水分會從充滿碳水化合物的結構中釋出，澱粉開始膨脹並開展，隨著水分從不同的組織中遷移，導致細胞壁爆裂，碳水化合物分解並組成複合醣及單醣，特別是澱粉。蔬菜也會發生褐變反應，但由於蔬菜中的糖比胺基酸多，因此其口味和肉類並不同。

你可以這樣做   儘管肉與蔬菜的烹煮方式不同，但有件事倒是一樣的，即兩者成分大多是水分。通過加熱方式掌控水及其特性，就是烹飪時最重要的訣竅。

Q.09 為什麼食物會變褐色？

| A | 因為「梅納反應」所致。

科學原理　褐變是神奇的化學反應，賦予食物有層次感的口味與令人愉悅的香氣。食物褐變反應在所有高溫烹飪中都很重要，例如烤、煎封、烘焙。依據不同的化學反應，食物褐變有兩種不同的方式，包括：梅納反應及焦糖化（請參考 p.32 的內容）。梅納反應中，當食物加熱時，表面的某些胺基酸與單醣交互反應產生風味化合物，每一種化合物又能進一步與脂肪或其他胺基酸產生反應，製造數百種化合物。許多化合物可以大量吸

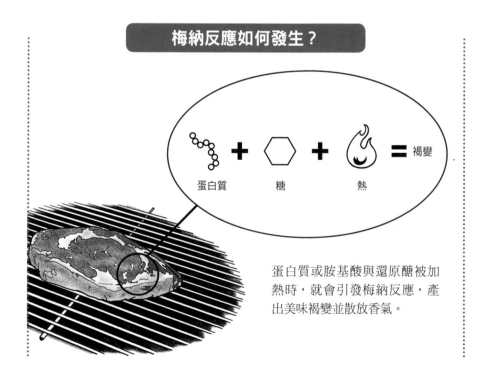

梅納反應如何發生？

蛋白質　＋　糖　＋　熱　＝　褐變

蛋白質或胺基酸與還原醣被加熱時，就會引發梅納反應，產出美味褐變並散放香氣。

收光線，也就是烹飪過程中食物轉為褐色的原因。此反應由路易斯‧卡米拉‧梅納（Louis-Camille Maillard）命名，他在一九一二年率先確定了胺基酸與單醣間的關係，才使眾人注意到這個新發現。

梅納反應是許多美妙香氣的基礎，香料公司由此再創造天然或人工香料。梅納反應與不同胺基酸也會產生不同的香氣，舉例來說，要製造肉類風味最簡單的方式，就是加熱半胱胺酸與葡萄糖數小時，而其他胺基酸與糖可以結合為焦糖、烘焙咖啡、巧克力、蔬菜湯的風味。含有胺基酸及單糖並結合的食物，是產生梅納反應的理想食物，包括麵包、洋蔥、馬鈴薯、肉類。

你可以這樣做　若要啟動梅納反應，食物必須被加熱至攝氏 137 度至 149 度，這就是食譜通常要求烤箱溫度必須高於攝氏 177 度的原因。如煎封或炙烤等高溫烹飪法，可以很快讓表面溫度升高，甚至超越梅納反應所需之溫度，就可以快速烹煮食物且避免燒焦。梅納反應也能在攝氏 138 度下發生，但速度將慢許多。

Q₁₀ 為什麼食物會焦糖化？

| A | 因為食物中的糖和胺基酸（或蛋白質）產生
交互作用所致。

科學原理 梅納反應與焦糖化不同，焦糖化需要糖和胺基酸或蛋白質產生交互作用，因此焦糖化的重點就是糖。焦糖化發生於糖被加熱，直至分解為新的香氣分子，即製造出深受喜愛的花生糖、烤布蕾、焦糖化洋蔥顏色及風味的關鍵。產生焦糖化風味最重要的分子就是麥芽醇（焦糖味）及呋喃（堅果味）。不同的糖會在不同溫度產生焦糖化，果糖通常存於水果、洋蔥、玉米糖漿、蜂蜜、軟性飲料中，會於攝氏 110 度時發生焦糖化；葡萄糖及蔗糖（餐用砂糖）則於攝氏 160 度產生焦糖化。若有蛋白質或胺基酸來源，梅納褐變反應及焦糖化可以同時發生。

你可以這樣做 焦糖化是於充滿糖分的食物及甜點中，製造堅果及焦糖香最重要的步驟。降低酸鹼值至 7 以下可加速發生焦糖化，只要加入酸性物質如檸檬汁或酒石酸（塔塔粉）即可。酸性物質有助於催化蔗糖（餐用砂糖）與水的反應，形成葡萄糖及果糖，更進一步分解為焦糖香氣化合物。

Q11 是否能增加
梅納反應（褐變）的發生？

| A | **可以，調高溫度或增加酸鹼值皆可。**

科學原理 梅納反應完全取決於酸鹼值，鹼性食物比酸性食物更容易褐化。然而，因梅納反應發生，產生了酸性風味化合物，使梅納反應（及褐變）隨著酸度上升而減緩，此情況的原因是隨著酸鹼值降低，胺基酸變得越來越無法與糖發生反應，一旦除去酸性，梅納反應就會持續大量產出更多風味化合物。減低食物酸性最簡單的方式，就是在食譜中加入小蘇打、鹼，便能提高酸鹼值。這就是為什麼你會在烘焙食譜中看到泡打粉及小蘇打——泡打粉可以幫助發酵，而小蘇打則是促進褐變與協助再次發酵。

另一種加快梅納反應的方式是，添加游離胺基酸與特定糖類於食物中。大多數廚房易取得的游離胺基酸來源是蛋白，烘焙食譜中經常要以打發蛋白輕刷麵團，就是要靠梅納反應製造美味、褐色的外皮。添加糖類也可以推動梅納反應，例如葡萄糖、果糖、乳糖，更常見的來源如玉米糖漿、汽水、牛奶、蜂蜜、龍舌蘭糖漿。

溫度也是另一個促進梅納反應的重要因素。幾乎與所有化學反應一樣，增加溫度可以促進梅納反應的發生率，加速梅納褐變最簡單的方式就是提高溫度，但只能在一定程度中起作用。根據料理實驗室（The Cooking Lab）創辦人兼獲獎書籍《現代主義烹調》（*Modernist Cuisine*）共同作者納森・米佛德 （Nathan Myhrvold）所說，梅納反應的理想溫度在攝氏138 度至 179 度間。透過煎封會很快地將牛排的表面溫度提升至梅納反應

所需溫度，幾乎瞬間就能發生褐變。但是，食物燒焦通常發生於攝氏179度，會產生苦味化合物，因此不建議煎封時間過久。同樣需要留意的是水的存在（例如烤箱燉烤）也可能干擾食物溫度，無論周圍溫度如何，最好維持在水的沸點，即攝氏100度。

你可以這樣做　根據詹姆斯比爾德獎（James Beard Award）獲獎料理書籍《鹽、油、酸、熱》（*Salt, Fat, Acid, Heat*）作者莎敏・納斯瑞特（Samin Nosrat）的說法，如果你想快速發生褐變，可讓食物有酥脆邊緣後再加鹽，或是提前加鹽，並用紙巾拍乾食物後再放入鍋裡。鹽會吸收食物表面的水分，水分就會阻礙梅納反應發生。烤或炒蔬菜、肉類時在每一片之間留有空隙，就能讓阻礙梅納反應的蒸氣離開鍋子。撒一點小蘇打在肉及蔬菜上可以加速褐變，讓胺基酸更容易發生反應。

Q_{12}　酒精會在烹飪時揮發嗎？

｜ A ｜　部分可以，但無法完全揮發。

科學原理　需要酒精的食譜中，例如瑪莎拉雞中的葡萄酒，你通常被指示加入酒精，然後燉數分鐘以便「燒掉酒精」。但是，美國農業部（USDA）研究發現，即使你讓食物這麼燒過，甚至直接在食物上點

燃，也只有 25％酒精會在此過程中揮發。要蒸發餐點中大量酒精的唯一
方法，就是長時間慢燉。同樣是美國農業部的研究發現，酒精揮發需長達
2.5 小時的慢燉，但只有 4％～ 6％的酒精會揮發。

你可以這樣做 如果你想得到一份無酒精的料理，最好一開始就使用無
酒精葡萄酒、啤酒或其他飲品。

Q₁₃ 紅酒品質會影響料理嗎？

| A | 不一定，和使用的紅酒種類也有關係。

科學原理 你可能聽過這句話：「別拿你不會
喝的酒來煮。」但烹飪用酒的品質真的重要嗎？
2007 年茱莉亞・莫絲金（Julia Moskin）曾於《紐
約時報》（*New York Times*）公開將品質好與
不好的葡萄酒用於烹飪中，發現兩種都可以做
出美味佳餚。這是怎麼回事呢？由於烹飪過程
中會蒸發一些酒精（餐點煮越久，酒精揮發越
多），和許多風味化合物一樣，葡萄酒也會留下
獨特的風味，烹煮後留下的，是和所有葡萄酒一樣
的化合物，其中最主要的殘留物就是曾經活著、於酒中
發酵的酵母，失去活性後緩慢腐壞的殘渣。

酵母中有許多萃取鮮味及濃郁味的化合物（請參考 p.54 的內容），包括麩胺酸鹽、肌苷酸、鳥苷酸、麩胱甘肽，能為菜餚添加美妙風味。其他不會在烹煮時蒸發的葡萄酒化合物包括酒石酸、甘油、單寧、糖、微量礦物質。酒石酸會增加菜餚酸性，甘油及糖則會增加甜味。這些成分可以幫助平衡菜餚口味，當然這些化合物的差異取決於你用的葡萄酒，還有在葡萄酒成分中占 99.5% 的水及乙醇。相較之下，葡萄酒中會揮發的風味化合物（也就是所謂你喝的「好」酒），其實只占 0.5%。

你可以這樣做　用便宜的酒烹煮食材，比較好的那瓶就留著品嘗吧！但是，請留意紅酒中的單寧含量，會添加苦味及澀味於菜餚中，因此盡量選擇口感滑順、酒體適中的紅酒。甜的葡萄酒於烹煮時也會被濃縮，破壞菜餚的平衡感。

Q_{14}　烹飪時，真的需要油嗎？

| A |　確實有幫助，能讓食物更有風味。

科學原理　儘管水是方便且易取得的液體，可以用來烹煮任何種類的食物，但水的溫度卻受限於沸點（請參考 p.24 的內容），很多有趣的食物化學反應發生於沸點之上，例如梅納反應及香脆口感。這個時候就需要油，這種液態脂肪可以被加熱到比水更高的溫度，可以更快地導熱到食物中，能讓食物表面達到更高溫，縮短烹飪時間，增加風味，做出酥脆外

皮。很多風味分子都是脂溶性，油可以濃縮這些風味，更別說油本身就很美味了。

油的其他特性也有助於烹飪。油可以在熱度分配不均時，幫忙重新分配食物表面的熱度，防止食物沾黏廚具。食物中蛋白質的硫原子與金屬表面間形成化學鍵，導致加熱時食物與廚具沾黏，油能在蛋白質及加熱表面間製造防護，阻止化學鍵形成。

你可以這樣做　用油烹飪時，必須確保整個鍋子都塗滿一層均勻的油，否則熱將無法適當傳遞到正在烹煮的食材上，導致部分食物沒煮熟或調味不均。

Q15　油的種類重要嗎？

│ A │　重要，因為不同烹調方式，所適合的油也不同。

科學原理　說到油，也就是液態脂肪，科學可就複雜了。任何一種油中，多少都帶有多元不飽和脂肪、單元不飽和脂肪及飽和脂肪。不論是飽和還是不飽和脂肪，都有脂肪分子結構，而脂肪是由三酸甘油酯組成，是三種脂肪酸與一個甘油分子組成。脂肪酸是由不同長度的碳原子組成的直鏈。

> 油的味道來自同時精萃的
> 植物原料風味化合物。

碳原子如何與其他碳原子連結，決定了脂肪酸是飽和還是不飽和鍵。一個飽和鍵由兩個碳原子間所有單鍵組成，而不飽和鍵在一個分子的兩個碳原子間有兩個以上的連結。與飽和或單元不飽和脂肪酸一樣，脂肪酸與幾乎所有飽和鍵都更耐熱及空氣。

脂肪酸有數個不飽和鍵或多元不飽和脂肪，若排除掉就更容易燃燒或腐壞，「不飽和鍵」就是脂肪酸結構的弱點。油有大量飽和或單元不飽和脂肪，比富含多元不飽和脂肪的油更耐高溫，因為這些脂肪與氧的反應更活躍。

油的冒煙點就是分解為更小碎片的溫度，隨著蒸發產生煙。椰子油以98％飽和與單元不飽和脂肪組成，其冒煙點為攝氏232度，是油炸烹調的好選擇。頂級初榨橄欖油主要是單元不飽和脂肪，但有15％的多元不飽和脂肪，所以冒煙點較低，約在攝氏160度至190度，適合相對低溫的烹調方法，如煸炒或加入未煮的醬料、油醋醬。

純油完全沒有味道，無論含有高度飽和脂肪或不飽和脂肪。油的味道來

自同時精萃的植物原料風味化合物，如香氣濃郁的橄欖油或堅果、種子油，例如胡桃、榛果、芝麻。為了完整保存香味，這些油品應該儘量、甚至完全不加熱，因為這些風味分子經高溫加熱後，極易蒸發或氧化。

高冒煙點且風味不明顯的油（酪梨、椰子、花生、蔬菜、玉米油）適合用於高溫烹調，如油炸。低冒煙點的油（橄欖、葵花、藏紅花、亞麻仁、葡萄籽、未精煉椰子油）適合低溫烹調，如煸炒、烘焙。芝麻籽及胡桃油適用於不需烹煮的料理，如沙拉醬，或食用前拌入以保留風味。

各種油的差異

富含飽和鍵的油較耐高溫，例如椰子油。而有較多不飽和鍵的油（也較不穩定），則適合直火烹煮或與空氣產生反應。

不飽和油

飽和油

14 FL OZ (414ml)

Q$_{16}$ 什麼是乳化液？

| A | 油和水所形成的一種同質混合物。

科學原理 一般來說，脂肪（通常指油）及水並不會融合，相反地，兩者若注入同個容器中會形成分層。然而，如果油和水被強烈地攪動或用機械打在一起，就會被迫克服自然排斥，形成一種同質混合物，也就是「乳化液」。

乳化液有兩種：水在油裡（油包水）及油在水裡（水包油）。油包水劑型是將水（或含有水的液體，如醋）攪為微小的水滴，均勻散布於脂肪中，就像橄欖油在油醋醬中。而水包油乳液正好相反，此劑型的乳化液包括蛋黃醬、荷蘭醬、奶油、鮮奶油。

乳化液的特色之一，就是聚集在一起時會變得濃稠，因為較大、移動較慢的油分子干擾了較小、移動較慢的水分子，導致黏度增加。

你可以這樣做 製作蛋黃醬、荷蘭醬這類乳化液的關鍵是耐心。攪拌時，微小的水滴需要時間才能均勻分布，所以動作一定要慢，忍住想走捷徑的衝動。

Q_{17} 為什麼乳化液容易分離？

| A | 因為油和水的特性所致，會互相排斥。

科學原理 　如上一題所述，製作乳化液時，需在物理上透過攪打強迫水與油融合，但這個新的和諧狀態並不穩定。以調味醋為例，充滿水分的醋水滴會開始吸引其他水滴，然後結合在一起形成越來越大的水滴，直到它們完全被分開。而油滴也是一樣。

　　為了延緩分離（或預防油水完全分離）及幫助初步乳化作用，會加入如同乳化劑的混合物。乳化劑的分子結構包括疏水性及親水性成分，以水包油乳化劑為例，加入乳化劑攪打，油滴會被乳化劑分子包住，而疏水成分則朝向油，油滴開始被包在抵制油的盾牌中，防止油滴分離並使油滴聚集，同時讓水可以包住每個油滴。

　　家中廚房最常見的乳化液是蛋黃、芥末、蒜泥、奶油，其他乳化液內容請見 p.110 及 p.111。

你可以這樣做 　如果很難做出濃稠的油醋醬，可以加一點芥末或壓碎的大蒜，有助乳化過程。

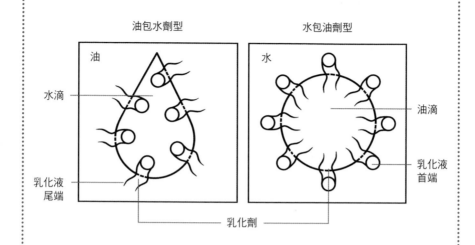

乳化劑如何形成？

乳化劑是穩定乳化液的分子，因其含有能溶於水的首端及能溶
於油的尾端。油包水劑型是能溶於水的首端向內朝向水滴，溶
於油的尾端則向外朝向外面的油。水包油劑型則完全相反。

Q₁₈ 增稠劑的種類重要嗎？

| A | 重要，因其成分會影響料理的結果。

科學原理 現今烹調食物時，有許多種增稠劑可用，較傳統的選擇如玉
米澱粉、萬用麵粉（中筋）、米粉、馬鈴薯澱粉、葛粉、木薯粉，當然也
有其他增稠劑，如椰子粉、奇亞籽、洋車前子，或較高效的增稠劑，如瓜
爾膠、三仙膠、結蘭膠、燕菜粉。有這麼多增稠劑可供選擇，你覺得哪一
個是最好的呢？讓我們從基礎了解這些增稠劑及它們的功用吧！

大多數增稠劑都由複合式碳水化合物組成，通常源於某種澱粉或纖維。這些碳水化合物是由數百、甚至數千化學鍵結醣分子組成的長鏈或網絡，通常稱為多醣。一般來說，糖加入水時會溶解，因為水分子很容易包圍於水晶體外，形成我們所知的水合殼。增稠劑中的水也形成水合殼於多醣體外，但這些體積龐大的碳水化合物會保護自己不易被水溶解。

增稠劑加熱於水中時，一旦達到特定溫度，也就是膠化溫度，它們就會解開長長的糖鏈。到達溫度時，糖鏈間的氫鍵就會斷裂，大量水分子進入多醣網絡間深深的縫隙，導致多醣分子膨脹。同時，這些多醣體緊抓鄰近的多醣體，製造巨大的網絡與鏈結。結果就是使用增稠劑得到的增稠效果——這些含水多醣體網絡使水分子移動變慢，增加溶液的黏性。

增稠劑的化學組成影響吸水率及網絡強度，也影響加了增稠劑的料理。生產增稠劑的食物來源也會影響多醣組成，包括組成其結構的糖分子種類、化學鍵的結構排序、分子網絡的大小。

大多數增稠劑
都由複合式碳水化合物組成，
通常源於某種澱粉或纖維。

你可以這樣做 每杯液體中放兩湯匙小麥粉，能讓食物產生不透明、啞光的表面；或以 1：1 的比例，與油或奶油一起烹煮，可以去除生麵粉的味道；若加入液體內，當撒入麵粉時就不會結塊。其他如馬鈴薯、葛粉、玉米粉、木薯粉等純澱粉，最好以每杯液體中放一至兩湯匙的比例使用，這些澱粉應與冷水預拌，讓其充分含水，才能免於結塊。三仙膠及瓜爾膠是非常高效的增稠劑，通常使用於無麩質麵粉混合物中，幫助模擬麩質作用，而每杯液體中約加 1/8 湯匙即可，需謹慎使用。

增稠劑如何作用？

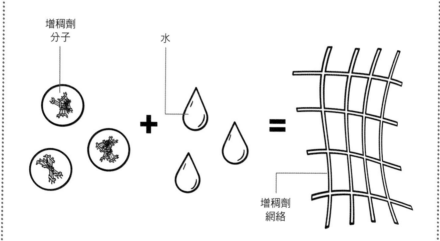

增稠劑分子

水

增稠劑網絡

增稠劑是鏈結糖的複合式大型結構，加熱時會快速吸收水分。每個分子與數千個水分子連結，又再彼此結合，製造出稠密的網絡。

Q_{19} 為什麼炒飯食譜中，常會要求使用隔夜飯？

| A | 因隔夜飯含足量的抗性澱粉，更適合用來炒。

科學原理 米基本上就是澱粉分子，只是被細分為小顆粒。烹煮米飯時，澱粉顆粒會吸收水分，使米膨脹、爆裂，釋放美味的澱粉滋味。煮好的飯放入冰箱冷卻後，澱粉分子再慢慢結晶，也就是澱粉老化作用，轉為名為抗性澱粉的澱粉。這種結晶澱粉表現得更像一種纖維，與一般澱粉對炒的反應不同。研究者發現，火炒富含抗性澱粉的馬鈴薯時，只會吸收其重量1%的食用油，而一般馬鈴薯則會吸收其重量5%的食用油。

另外的好處是，抗性澱粉的卡路里較低。正常情況下，身體會吸收澱粉酶進入消化系統，澱粉酶消化澱粉轉為糖分，就能輕易被小腸吸收。但抗性澱粉的結晶結構很難讓澱粉酶分解，因此抗性澱粉會繞過小腸，最後被結腸中有益健康的微生物吸收，它們有特殊生化構造可以使其發酵。其他烹煮過的澱粉食物，如馬鈴薯、麵包、義大利麵，也可以透過冷卻進行老化作用，成為抗性澱粉。

你可以這樣做 炒飯食譜要求使用隔夜飯時，請依說明使用。隔夜飯有足量的抗性澱粉，比新鮮煮好的飯更適合用來炒。如果不照食譜建議而用剛煮好的飯，炒飯會變得較濕軟。

CHAPTER 2

調味基礎
Flavor Basics

調味是讓人享受食物的關鍵。沒有風味背後複雜的化學反應，食物將會無比乏味，我敢說所有東西都會吃起來像厚紙板，但是，即使是難吃的紙板也是由多元排列的化合物生成。風味最讓人雀躍的部分就是你可以在廚房掌控某些要素，並用來煮出美味佳餚。在這一章中，我將回覆許多與「味道」相關的問題，並說明如何運用這些知識於料理中，以享用到最佳風味。

Q_{20} 我們如何感受各種口味？

｜ A ｜ 透過味覺系統，即舌頭來完成。

科學原理　舌頭上小小的突起稱為乳突，與味蕾排列在一起。每個味蕾都有十至五十個感覺細胞，上面有稱為味毛的突出物。像糖這些風味分子遇到味毛時，味毛表面排列著特殊形狀的蛋白質與分子結合，在感覺細胞中發起一連串化學訊號。感覺細胞釋放神經傳導物質，與神經纖維產生相互作用，並附著於細胞外。神經纖維透過一系列神經叢傳遞化學與電子訊號，並與其他神經叢連結，就像電纜中的電線一樣，最終這些訊號會傳回大腦負責感知及處理味覺的區域，這些事情全在幾百毫秒間發生。

人類舌頭有兩千至八千個味蕾，有一半的味蕾具備感覺細胞，可與五種基本味道元素產生交互作用，包括甜、酸、苦、鹹、鮮，另一半專門處理特定口味元素，並負責記錄味道的強度。長久以來有一個誤解，就是舌頭上有區分味蕾負責的區塊——甜味接收區在前端，苦味接收區在後端。事實上，每個味覺接受器都均等分配於舌頭上，除了苦味味蕾，其在舌頭後端較為密集，科學家認為舌頭後端特別能感覺苦味，是為了讓有毒或腐壞的食物被吞下前就能吐出來。

你可以這樣做　請相信你的舌頭，其數百年來不停地進化實驗與嘗試錯誤，才成為今日的人類味覺系統。舌頭就是最敏感的感知器，便於偵測各種化學物質。如果在食物中嘗到腐壞或詭異的味道，或許是真的有異，應該立刻吐出來較好。

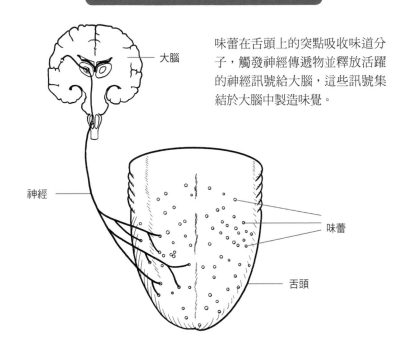

味覺系統如何接收訊息?

味蕾在舌頭上的突點吸收味道分子,觸發神經傳遞物並釋放活躍的神經訊號給大腦,這些訊號集結於大腦中製造味覺。

大腦

神經

味蕾

舌頭

Q21 哪些因素會影響我們感受調味的方式?

| A | 包括食物本身、成分或溫度等,都會影響。

科學原理 舌味覺感知背後的科學是一套複雜運作,許多味覺感知都由鼻中的嗅覺系統來完成,只有五種基本味道元素及感覺(想想薄荷的冷及辣味的熱)由舌頭感知。當食物被吃下肚,味道分子會回到舌頭底端,最

味覺感知背後的科學，
是一套複雜運作。

終移至鼻腔深處，也就是被感知為香氣的地方。大腦一併集結這些經驗，成為一套完整的味覺感知集。這就是為什麼感冒鼻塞或過敏時，很難嘗出任何味道，因為多餘的黏液在嗅覺感知及味道分子間形成一道屏障。

味道感知源於食物本身，食物本體與化學特性可以改變被釋放的味道分子。食物中的蛋白質、碳水化合物、脂肪、鹽種類等，可以影響味道及香氣分子釋放的速度。溫度也在味道感知中扮演重要角色，其影響每種味道分子的蒸發率，又反過來影響味道分子進入味覺及嗅覺接收器的速度。

當這些味道分子從盤中進入嘴裡，其他因素也會產生影響，大腦會依據這些組合，總結各種味道來源，創造不同的味道經驗。想想柳橙汁，早餐時飲用和刷牙後飲用的味道，再加上舌頭上的細菌覆蓋也會有影響，隨著它慢慢地分解昨晚的晚餐，釋放香氣濃烈的化合物，由嗅覺接受器感知。舌頭上的細菌在你吃進食物時就會幫忙消化，並製造不同的香氣化合物，這些全都仰賴舌頭上獨特的微生物。

嗅覺系統也會經歷感官疲勞，這是很奇特的說法，你的大腦會疲憊於感知某種味道，接著就會停止感知它，大腦更樂於感知新的刺激，而非舊的、已感疲勞的味道。如果你正在吃味道很重的食物，對那個味道的感知就會在那一餐中減弱，如果搭配配菜享用，就能減緩嗅覺疲勞。

你可以這樣做　用餐時混合各種味道，是刺激嗅覺或減緩感官疲勞的好方法。準備餐點時，思考不同的強烈味覺如何交互影響、互相壓制或互相陪襯，在一頓飯中會如何演變，就像香氣隨著時間變化一樣。

Q$_{22}$　口味跟味道是同一件事嗎？

｜ A ｜　**不同，兩者相似但屬不同現象。**

科學原理　如果一個人說這餐「真是可口」，另一個人說「真好吃」時，你能知道這兩個人吃完的感覺是相同的。然而，科學界中口味與味道是相似但不同的現象。口味只是味道的一個面向，指的是食物中特定種類的化學物與舌頭上的味蕾產生交互作用時，實際經驗到的感受，誘發酸、甜、苦、鹹或鮮的味覺。這些傳遞至大腦的基本味覺訊號，源於食物中的糖類（甜）、酸類（酸）、毒（苦）、礦物質（鹹）、胺基酸（鮮）。

另一方面，味道是主觀體驗的萬花筒，當吃下食物後，口味綜合嗅覺、聲音、顏色、口感、實際感受、情緒、記憶後發生。味道可被視為食物的整體經驗，極受口味及香氣影響。當香氣化合物透過食物遊走入鼻腔，經過嗅聞或口腔後稱為鼻咽的通道，嗅覺便會變得活躍，此過程就是我們所知的鼻後嗅覺。

其他感受及口感，如辣、熱、冷、脆、軟、柔滑，都會傳遞給大腦，一旦大腦接受訊息就會開始處理，將當下的經驗與以往的記憶、情緒連結，試圖找出與你當下所吃的食物最相關的經驗。就像一張錯綜複雜的感知、記憶、感覺網，被香氣中的化學香味互相調和，一頓精心烹製的菜餚，其中複雜的味道可帶出層次豐富的主觀經驗。

你可以這樣做　花些時間想想不同的口味、香氣、質地，如何在腦中引發不同的迴響。這些感知都是你如何感受食物的重要層面，學習如何感受食物的細微差異，能幫助你享受每頓餐點。

Q23 「環境」會影響食物吃起來的味道嗎？

| A | 會，環境中的各種因素，像是聲音，就會影響食物入口的味道。

科學原理　你是否曾好奇，為什麼飛機上的食物都很難吃？答案可能讓你吃驚。飛機上的食物之所以難吃，絕大因素是環境造成的（雖然我肯定經驗也是一部分因素）。乾空氣、機艙低壓、吵雜引擎噪音壓抑了味蕾敏感度及嗅覺，這些環境因素強烈地影響鹹味及甜味的體驗，因此機上食物製作時會多添加30%的鹽及糖，以彌補這個狀況。但根據2010年福勞恩霍夫建築物理研究所（Fraunhofer Institute for Building Physics）的研究指出，儘管震耳欲聾的噪音壓抑了甜感，卻提高了美味的鮮味，或許正因這點，番茄中富含鮮味的麩胺酸鹽，成為許多機上乘客的首選。

音樂及聲音也對食物的口味及味道，有不可思議的效果。由牛津大學實驗心理學教授查爾斯·史賓斯（Charles Spence）主導的研究顯示，食物與進食體驗有強大的連結。史賓斯與其他研究者發現，受測者依然可以將五種基礎味道，包括甜、酸、鹹、苦、鮮，和正確的音樂音準搭配。當測試者彈奏會被辨別為「甜美」的音調時，正吃著太妃糖的受測者會認為甜味更勝平常；而彈奏「苦澀」音調時，受測者會認為太妃糖較苦。另一項實驗中，史賓斯與同事設計一種可以放大巧克力柔順、甜味的音樂，目前許多巧克力製造商都用它來提升顧客的食用體驗。但食物與口味配對不僅限於甜味，許多高級餐廳都運用這個概念提升氛圍及顧客體驗。

試試看不同歌曲如何影響你的味蕾。正確的旋律搭配對的餐點，可以帶出食物豐富的層次，如彈奏低音的銅管樂器可以放大苦味，鋼琴上的高音音符則能帶出食物的甜美。

Q24 真的有鮮味嗎？

│ A │ 有，是由日本化學家池田菊苗率先發明。

科學原理 日本化學家池田菊苗（Kikunae Ikeda）於 1908 年率先發明了「鮮味」一詞，用來說明享用美味食物時的愉悅感受。池田首次感受到鮮味，是品嘗了妻子準備的鮮美肉湯，好奇之下問了妻子湯裡加了什麼，她說加了比平常多的昆布，即一種烹飪用的海藻。池田開始對產生鮮味的化合物感興趣，爾後一年，從數磅昆布中辛苦地萃取，終於發現胺基酸、麩胺酸或麩胺酸鹽就是產生鮮味的關鍵。

麩胺酸鹽可從許多不同食物中攝取，包括海藻、醬油、味噌、番茄醬、熟成乳酪、酵母萃取物，幾世紀以來，這些食材一直為美味的食物增添風味。但鮮味不僅源於麩胺酸鹽，植物、動物、真菌、細菌中的酶類，和自崩解的去氧核糖核酸（DNA）組成的化合物肌苷酸、鳥苷酸，也可以誘發鮮味，富含這些化合物的食物包括魚露、鰻魚、肉湯、蘑菇、肉類。

雖然 1908 年就發現了鮮味背後的化學成分，但數十年來，鮮味概念卻一直被科學界抵制。直到 1996 年，研究學者首次發現人類對麩胺酸鹽的味覺接受器確實存在，之後更發現數個胺基酸味覺受器，證實與鮮味相關的化合物確實存在，才讓鮮味成為第五個基本味道。

由於麩胺酸鹽是許多蛋白質的主要成分，因此普遍認為，鮮味感知已進化到能讓人類感受到食物中的蛋白質。如同甜味幫我們偵測碳水化合物，鹹味偵測礦物質，酸味偵測酸類，苦味偵測毒類，嘗出鮮味或許是早期人類快速辨別食物中營養且重要的蛋白質、胺基酸的方式。

你可以這樣做

如果你還想增強食物的風味，就添加麩胺酸鹽、肌苷酸或鳥苷酸。這些化合物會共同運作，製造出比單個化合物更高強度的鮮味感受。再加上幾匙伍斯特醬、魚露（含有肌苷酸、鳥苷酸）或醬油（含有麩胺酸鹽），將為餐點增添絕妙風味。

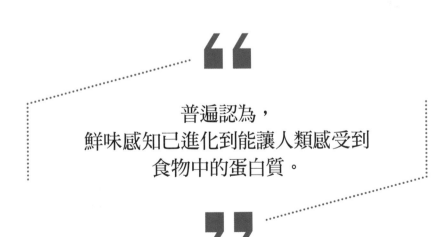

普遍認為，
鮮味感知已進化到能讓人類感受到
食物中的蛋白質。

Q25　「科學」能否解釋某些食物及味道的原因？

| A |　可以，從食物配對假說中就能得知。

科學原理　有些食物搭配吃就是比較美味，例如花生醬與果醬、培根與蛋。某些食物與飲料也是絕配，如白葡萄酒灰皮諾配海鮮、紅葡萄酒金粉黛配富含香料的食物。為了解釋這種現象，英國主廚赫斯頓·布魯門索（Heston Blumenthal）發展出食物配對假說，認為這些共享一至多種味道分子的成分及食物，比未含該味道分子的食物結合得更好。此假說有助現代餐廳設計出特殊的食物組合，並搭配得非常美味。舉例來說，巧克力及藍紋起司共享至少七十三種不同的味道分子，形成有趣的組合關係。這份假說也公開了其他出乎意料的搭配，如草莓及豌豆、魚子醬與白巧克力、哈里薩辣醬及杏桃乾。

你可以這樣做　對大多數家常料理而言，食物配對不過是有趣的室內遊戲，但也可以是很有趣的經驗。國外網站 FoodPairing.com 提供絕佳的資料來源，它將數千種味道分子分門別類區分，包括肉、蔬菜、香料、果汁及其他成分，幫你在所有料理中找出新的食物配對。

Q26 為什麼「鹽」能讓 食物變得美味？

| A | 因為它能抑制苦味、加強甜味。

科學原理 1990 年代中期，保羅‧布雷斯林（Paul Breslin）與蓋瑞‧波尚（Gary Beauchamp）同為知名費城莫內爾化學感官中心（Monell Chemical Senses Center）研究員，兩人都困惑於鹽加強食物風味的能力，因為已發表的研究皆顯示，鹽本身對味道抑制或影響都很小。1997 年，這兩位研究者共同揭開鹽與味蕾間的化學作用。

他們讓受測者嘗試苦味化合物、甜味化合物或鹹味化合物的不同組合，發現受測者試吃苦、甜化合物加上鹽的樣本後，其回報的結果與沒有鹽的樣本相比，他們覺得甜味感受明顯增強。另一方面，當只有甜味化合物與鹽時，受測者不覺得甜味增強。研究員總結鹽加強風味的方式，發現是「選擇性」地抑制苦味，讓其他味道及風味更加明顯。或許這就是低鈉食物不受消費者歡迎的原因，因為我們需要鹽讓其他味道更為飽滿。

你可以這樣做 鹽不僅能加強風味，也能減低苦味感受，加強甜味。你不妨親自試試鹽對味道的影響，加點鹽在平常不需要鹽的食物或飲料中（例如水果、冰淇淋等），看看鹽如何影響味道。許多食物主觀上並不苦，但仍有與苦味受器相互連結的分子，在大腦裡結合為背景訊號，告訴我們食物中有苦味。只要有一點鹽，這些分子就能被抑制，展現更多甜味。

Q₂₇ 鹽的種類重要嗎？

| **A** | 端看你用的是哪一種鹽，及如何使用它。

科學原理 基本上，各種鹽以化學視角來說都一樣，都是氯化鈉結構。關鍵不同之處在於，每種鹽中的雜質與鹽晶體的尺寸、形狀、質地。烹飪時鹽被加於食物中，這些區別就會形成微妙的風味差異。

食鹽直接於陸地開採，有非常細且晶亮的顆粒結構，被碘化（以碘化鈉加強）以加強我們的碘攝取量。碘是一種維持甲狀腺功能的重要礦物質，也含有抗結塊劑，以預防鹽在鹽罐中結塊，於是食鹽與其他鹽種相比感覺更鹹，因為它更容易在舌頭及食物中溶解。較細的晶體比粗的更緊密，所以與其他種類相比，一茶匙中會有更多鹽粒。有些人說他們能嘗出碘的味道，帶有苦澀、金屬的餘味。

喜馬拉雅鹽的開採及特性都與食鹽相似，除了含有一點鐵與銅成分，使其帶有粉紅光澤及非常些微不同的風味。通常這種鹽會比食鹽顆粒更粗。

猶太鹽是一種粗粒鹽，通常自鹽礦床開採。鑽石牌猶太鹽以專利阿爾伯格程序製成，以機械蒸發及蒸煮方式產出一種低密度片狀鹽，具高溶解性，比食鹽晶粒粗。猶太鹽的低密度導致鹹味感受度也較低，晶體尺寸越大，意味著一湯匙的鹽粒比同樣一湯匙食鹽較少。猶太鹽同樣沒有含碘化鈉，味道比碘化食鹽更純粹，也因為猶太鹽有獨特的風味，若以其他種類的鹽取代，就可能影響食物的風味。

海鹽由海水蒸發後製成並含多種礦物質，如鎂、鈣、溴化物及自然生成的碘。這些化合物會依據其源頭的海水成分變化，大多數人無法感受海鹽風味及其他鹽類的差異，不同蒸發程序可能導致不同粗粒度，包括片狀、中空、快速溶解的鹽，到難以附著在食物上的粗粒鹽。

你可以這樣做　不同種類的鹽用於食物，可能產生不同風味，主要差別在於晶體粗粒度及水的溶解度。如果你想要溫和的鹽味，猶太鹽是最佳選擇，而需要快速溶解時，最適合使用食鹽，如用於烘焙食譜中。依據食譜烹調食物時，鹽的種類就相當重要，如果需要特定分量的鹽，就必須確認作者推薦的是哪一種，因為用錯鹽可能導致成品過鹹或不夠味。

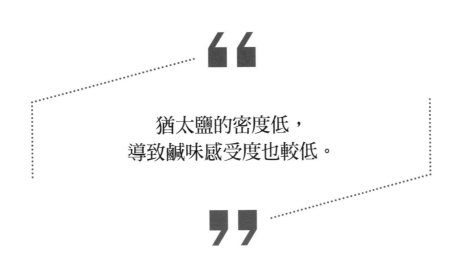

猶太鹽的密度低，
導致鹹味感受度也較低。

Q₂₈ 脂肪美味的原因是什麼？

| **A** | **其物理及化學特性，會讓味道及口感更好。**

科學原理 科學家發現哺乳動物有一種味覺接受器，也就是 CD36，可與脂肪分子結合。這項研究以基因改造後缺乏該基因的實驗鼠進行，研究者發現，實驗鼠確實無法接收脂肪味道，而未改造的實驗鼠則持續暴食脂肪食物。另一項研究則發現，若是 CD36 活性較高者，對食物中脂肪的味道及香氣感受都比較低者敏銳。CD36 受器也與釋放血清素的神經迴路相關，是一種接觸到脂肪時，就會產生幸福感及愉悅感的神經傳遞物。

然而，脂肪食物對我們的吸引力不僅與基因相關，脂肪的物理及化學特性也會改善其他味道與口感。脂肪是某些脂溶性味道的溶劑，例如木本香草、香料、肉類。脂肪也可以減緩味道分子的釋放率，延長暴露於嗅覺系統的時間，增加我們的幸福感。除此之外，以梅納反應（請參考 p.30 的內容）炸或烤含脂肪食物時，能製成非常討人喜歡的酥脆口感及味道分子，這是其他烹飪方式無可取代的。

你可以這樣做 讓醬料極致美味的祕密就是「脂肪」！要做出簡單、滑順的醬料，就在煎封牛排或羊排後，以葡萄酒或高湯稀釋平底鍋上的結塊，再用木勺將鍋底美味的褐色結塊刮下後集中，接著以一次一湯匙分量，加入數湯匙奶油攪拌，就能做出滑潤的乳化醬汁。

Q29 為什麼有些人覺得香菜有肥皂味，有些人不覺得？

│ A │ **因某些人的遺傳體質，會對香菜內含的醛類敏感。**

科學原理 共有六種化合物構成香菜的獨特香氣，其大多被歸類於醛類化學物質，證據顯示有些人因遺傳體質對醛類高度敏感，才會覺得有肥皂味。這種嗅覺接收變異基因在東亞、非洲、高加索人種上，發生率達14%至21%，而南亞、西班牙裔、中東人種發生率則為3%至7%。有趣的是，醛類也是製作肥皂的副產品，這也許就是為什麼有些人的感官經驗中，會將香菜及肥皂連結在一起的原因。

你可以這樣做 如果你真的無法接受香菜的味道，有個小方法可以試試。香菜中含有一種酶，可以逐步將肥皂醛分解成幾乎沒有香氣的化合物。將香菜葉剁碎、切碎或搗成泥，即可釋放酶，並靜置15分鐘後使用。

Q30 風土對食物及酒類真的那麼重要嗎？

│ A │ **普遍認為具有爭議性，比較像是行銷手法。**

科學原理 風土隱約被定義為一系列環境因素，會影響在特定區域生產的食物口味及香氣。這個詞大多被用來形容葡萄酒，也會用來研究巧克

力、咖啡、啤酒花、胡椒、番茄。所謂風土的環境因素包括土壤酸鹼值、礦物成分、氣候、農業方式，這些因素被認為會影響農作物的風味特色，進而影響以農作物製成的食物及葡萄酒。舉例來說，你可能會在葡萄酒標示上讀到風土條件，葡萄酒的礦物味、泥土味就被歸因於葡萄生長的地理環境。

這些聽起來都很合理，但風土概念仍存有極大爭議。加州大學戴維斯分校（University of California, Davis）葡萄栽培系教授馬克‧馬修（Mark Matthews）認為風土只是行銷策略，加上一點科學事實為基礎。已有科學研究顯示，土壤無法直接影響葡萄酒或食物的味道，因為植物不能自生長的土壤中吸收複雜礦物質。也就是說，土壤的環境因素會直接影響保水性、營養成分、植物生理學等，進而影響食物風味。但風土似乎是因應葡萄酒及食品工業行銷所需而發明的包裝詞彙，而不是對食物特色有明確影響的科學事實。

風土似乎是因應
葡萄酒及食品工業行銷所需
而發明的包裝詞彙。

Q31 醃料可以為食物注入風味嗎？

| A | 不一定，要看醃料中的成分有哪些。

科學原理 醃料通常帶有酸性成分，如醋、酒、優格混合其他調味料，理論上來說，醃料中的酸可以分解食物表面的組織，讓醃料可以被吸收，使食物充滿香氣。

問題是這套理論與現實相悖。根據《美國實驗廚房》（*America's Test Kitchen*）實驗結果，醃料醃製雞胸肉 18 小時後僅滲入 0.1 至 0.3 公分，解決這個問題最常見的方法就是讓醃料與食物接觸得更久，但這無法真正解決問題，反而會導致另一個問題。以海鮮來說，如果與醃料接觸太久，口感可能會變軟糊，因為酸會溶解蛋白質。唯一能注入食物風味的是以「鹽」為基礎的醃料，如大量的醬油或魚露。因為鹽會破壞肌肉細胞，幫助醃料更深地滲入組織。高濃度鹽分能導致更多細胞瓦解，改善醃料效果，但要注意別讓醃料過鹹。某種程度上，鹽分也可能對肉的風味產生負面影響。

你可以這樣做 為了讓風味更好，建議使用高濃度鹽分的醃料。最簡單的方法就是用富含鹽分的基底，如醬油或魚露。選擇一種倒入 1/4 或半杯（或混合兩種），加入同分量的其他液體成分，如醋，或單獨使用亦可。肉類大約醃製兩小時，即可吸收以鹽為基底的醃料。

Q₃₂ 黑胡椒的嗆辣從何而來？

| **A** | 因為內含胡椒鹼，會產生辣味。

科學原理 胡椒鹼是黑胡椒中主要的味道分子，以及其他幾種小分子，如柑橘、木質、花香。儘管胡椒鹼與辣椒中的香料分子辣椒鹼，會刺激一樣的接收器，但辣度只有辣椒鹼的 1%，因此咬一口黑胡椒的辣度會褪得比非常辣的辣椒更快。

人們喜歡胡椒不僅僅是它加入食物中的味道，胡椒鹼能刺激唾腺及膽汁分泌，兩者都有助消化，也能明顯地抑制某些與排毒相關的肝臟酶類活性，使香草及香料中有益健康的化合物能在血液中停留更久，加強它們進入血液後的功能性及吸收率。我們可能已經在健康與胡椒運用間建立心理連結，增添食用胡椒類食物的樂趣。

你可以這樣做 黑胡椒暴露於光照下會失去效用，會將胡椒鹼轉為無味的胡椒脂鹼。黑胡椒也可能在蒸發過程中失去風味，尤其是在預先磨碎後。如果要保有強烈香氣，最好使用新鮮磨碎的黑胡椒，並將其存放於密封容器中，遠離光照及熱能。為了保留香氣，加入黑胡椒的時機應在烹煮的最後步驟或餐點上桌前。

Q₃₃ 薑為何能帶來暖意及辛辣感？

| A | 因為內含能帶來辣味的薑油。

科學原理　味道分子的形狀與結構，對味道及口味感知相當重要。薑油就是新鮮薑的味道及辣味分子來源，其化學結構與辣椒鹼相似，也就是讓辣椒辛辣的分子。兩種分子與受體產生交互作用後會尋找辛辣分子，也就是辣椒鹼受體，它會傳遞訊號給神經系統，誘發熱與痛感。任何能與辣椒鹼受體產生強烈連結的分子都能產生這種效果，包括山葵、辣根、黑胡椒的辛味。

但顯然咀嚼薑與吃進哈瓦那辣椒的感覺全然不同，因為薑油和辣椒鹼的分子結構有些微差異。薑油分子長度較短，在分子之外還突出一個氧原子，就像小的附屬物，而辣椒鹼則有鹼原子，嵌於線性的分子形狀中。因此，辣椒鹼和辣椒鹼受體有比薑油更貼合、更強烈的連結。

你可以這樣做　如果想要更刺激的味道，一定要用新鮮的薑。新鮮磨碎的薑會比已磨好的薑更辛辣且充滿香氣，因為薑油會慢慢分解，其主要存於新鮮的薑中。

Q₃₄ 番紅花為何如此珍貴？

| A | 因為要透過人工摘取，故產量低且價高。

科學原理 若你買到有著小管狀的番紅花線，其實是番紅花朵蕊的柱頭（也稱藏紅花），必須手工從四千五百朵花中才能採出一萬三千五百個柱頭，再產出一盎司的番紅花線。

1933 年理查・庫恩（Richard Kuhn）與阿爾弗雷德・溫斯特坦（Alfred Winterstein）發現番紅花獨特香氣源於番紅花醛分子。番紅花中還有名為苦番紅花素的分子，收割及乾燥過程中會被酵素分解，產生番紅花醛，這種化合物占整體藏紅花精油的 70％。研究家隨後發現另一種化合物 Lanierone（編按：目前尚未有正式中文譯名，有部分網站譯為拉尼爾酮），雖然只占精油中極少成分，但也是番紅花具有令人垂涎氣味的來源。這些化合物共同賦予番紅花一種微妙、乾草似的味道與香氣，有時被形容為花香、似蜂蜜、帶苦味或辣味。番紅花被用於印度及中東料理，為食物抹上金色光澤，增添明亮色彩。

你可以這樣做 番紅花因為價格昂貴，市面上常出現假貨或次級品。為了確認你買的是否為真貨，可拿一小撮浸泡於熱水中 5 至 20 分，真正的番紅花會完好無損，泡過的水會轉為均勻、一致的顏色；假番紅花會崩解，快速滲出人造顏料。番紅花油對熱、空氣、光相當敏感，最好儲藏於密封罐中，置於冷藏並避免光照。

Q₃₅ 營養酵母獨特的風味從何而來？

| A | 內含的化合物會產生加乘作用，形成鮮味。

科學原理　營養酵母是一種純啤酒酵母菌，與啤酒釀造、烘焙所用的酵母是同一種。首先，酵母培養於便宜的糖和養分（如糖蜜、甜菜糖）中數日，酵母成功培養後，加熱至低溫殺菌溫度使其失去活性，然後保持溫度讓酵母中的酵素分解細胞壁，釋放裡面的化合物。蛋白酶破壞酵母蛋白並產出胺基酸、麩胺酸，增強鮮味。核酸酶與磷酸酶分解中的去氧核糖核酸為更小的核苷酸次單元，如肌苷酸鹽、鳥苷酸。麩胺酸、肌苷酸、鳥苷酸會產生加乘作用，形成非常強烈的鮮味。

　　營養酵母也含有高濃度肽（胺基酸的肽鍵），也就是麩胱甘肽，被認為是誘發濃厚味的主要因素，濃厚味是 1989 年日本味之素（Ajinomoto）公司的研究員初步定義的味道。濃厚味仍是有爭議的味道，許多西方味道研究者仍懷疑濃厚味對食物是否有助益。濃厚味不會喚起實際的主觀口味，反之它會提升其他口味及味道，包括鮮味，並延長我們感受這些味道的時間。如果把味道當作音樂，濃厚味會提高音量，加長安可的時間。營養酵母含麩胱甘肽及三種鮮味化合物（麩胺酸、肌苷酸及鳥苷酸），成為非常強而有力的味道推手。

你可以這樣做　營養酵母是絕佳的素食替代品，可取代動物性來源，如熟成起司、魚露、肉汁、蝦醬。再者，也具有天然堅果味、起司般的風味，能增添美味，可作為起司粉使用（試試撒在爆米花上），或替代醬

油、烏斯特醬、魚露等，加入湯、燉品、肉之中，更可替代鹽分，成為提升餐點風味的最佳選擇。

Q₃₆　新鮮香草比乾燥的好嗎？

| A | **各有用途，可依料理種類選擇使用。**

科學原理　新鮮香草中的香氣和刺激性精油，其實是植物為了抵禦害蟲製造的化合物。許多化合物都具揮發性，意味著一旦植物組織被破壞或壓碎，化合物會立即揮發，用強烈氣味阻擋昆蟲或動物靠近。乾燥香草的過程中，會讓揮發性香氣消失，留下濃郁精油。同時，根據乾燥方式與溫度，香草的揮發性會被分解及氧化，減弱了香草原本的強度，某些時候還會產出苦味，如細蔥、香艾菊、巴西里等纖細的葉狀香草，會在乾燥過程中失去大部分香氣。

乾燥香草的過程中，
會讓揮發性香氣消失。

但是，乾燥香草在廚房中仍有用途，這些香氣推手可被存放的時間特別長。煮湯、做醬料或燉物時，若烹煮或慢燉時間會超過 10 分鐘，最好使用乾燥香草，因為比起新鮮香草的揮發性精油，乾燥香草中的濃郁精油較不易受高溫或蒸發作用影響。同理，有些木本香草即使乾燥後仍會維持香氣，如迷迭香、牛至草、百里香、鼠尾草。

你可以這樣做 為了保有新鮮香草的精油與清爽口感，可直接拌入沙拉，作為餐點完成後的裝飾，或是餐點上桌前最後加強風味的步驟。乾燥香草適用於需烹煮一段時間的餐點，如燉辣肉醬、燉菜、湯品、慢火燉煮的醬汁。乾燥香草取代新鮮香草的守則是只用 1/3 的量，因為乾燥香草水分較少，比新鮮香草的濃度更高。

Q37 什麼時候該使用檸檬皮或檸檬汁？

| **A** | **前者可用於烘焙食品，以增添香氣；後者則適合煮湯或醃料。**

科學原理 檸檬汁的成分是水、糖、酸，主要的酸性成分是抗壞血酸，也就是我們所知的維生素 C 以及檸檬酸。這些酸完美地為餐點增添刺激且清新的風味，或調整為健康的酸鹼值。舉例來說，檸檬汁的酸可以去除魚腥味（請參考 p.96 的內容），也有助於減少酪梨及蘋果的褐變（請參考 p.125 的內容）。

檸檬皮（事實上是所有柑橘類的皮）都沒有酸性，其精油中有檸檬油精、檸檬醛、萜品烯，透過這些風味化合物增添檸檬香氣，在皮磨碎時釋放出來。與檸檬汁相比檸檬皮的水分較少，若你希望食物有檸檬香氣但不需要太多水分時，檸檬皮是較佳選擇。

此外，因為檸檬皮不含酸，可添加香氣卻不帶有刺激的酸味。如果你想為烘焙食品增加檸檬香，檸檬皮也是最好的選擇，因為無須另外改變酸鹼值或麵糊含水量。如果用檸檬汁卻沒有調整用量，額外的酸及水分會改變麵糊的化學變化，影響成品的發酵過程及口感。

你可以這樣做　檸檬汁可用於需要明確酸度並接受額外水分的餐點，例如湯和醃料，也可以直接擠在魚肉（減少魚腥味）和酪梨（預防褐變）上。檸檬皮則用於需要檸檬香，但不需要酸度及額外水分時，例如有乳製品的餐點（酸會導致凝乳）、簡單的醬汁、烘焙食品。當你以鋁或銅材質的廚具烹飪時，使用不含酸的檸檬皮也是較佳選擇，因為酸可能溶出金屬物質。

> **"**
> 若你希望食物有檸檬香氣
> 但不需要太多水分時，
> 檸檬皮是較佳選擇。
> **"**

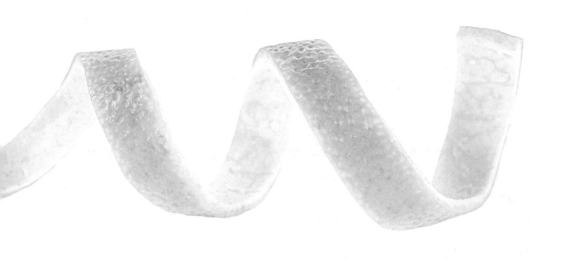

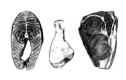

CHAPTER 3

肉類 & 魚類
Meat, Poultry and Fish

動物是早期人類最初放在火上,並烤成豐盛大餐的生食。但這些大塊的蛋白質、水、脂肪如何成為美味多汁的餐點?之後人類發現,轉變的祕密就在於熱能、水分及烹調時間,進而成為讓人垂涎的風味、色澤及口感。

Q38 為什麼肉的顏色會不同？

A 因為和肉品中的肌紅蛋白有關。

科學原理 動物身上的肌肉，例如翅膀、腿、大腿呈現深色或鮮紅，是源於需要大量氧氣供給運動。這些肌肉有豐富的肌紅蛋白，是一種富含鐵質的蛋白質，可幫助哺乳類肌肉組織從血液系統中運輸及儲存氧氣，這也正是肌紅蛋白讓深色肉呈現紫紅色澤的原因。肌紅蛋白加熱至攝氏 77 度或更高時，就會變成變性肌紅蛋白，讓煮好的肉品內部變成棕灰色。肌紅蛋白轉為變性肌紅蛋白的化學變化，也是新鮮肉品會從亮紅或粉紅轉為深

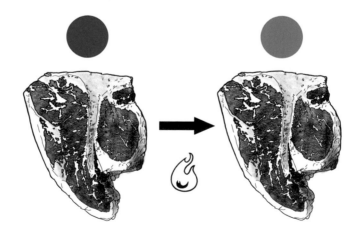

肉如何轉變顏色？

肌紅蛋白是肉中的一種蛋白質，能讓生肉呈現紫紅色澤。當肌紅蛋白被加熱時，結構就會產生化學性改變，成為棕色的變性肌紅蛋白。

灰的原因，即肉變老了。由於消費者認為肉轉為灰色就是有問題，故肉商會在包裝中添加一氧化碳，與肌紅蛋白結合後可組成紅色色素，維持肉類的鮮紅色澤。豬肉的顏色會比牛肉淡，其肌紅蛋白含量較低，因為豬隻通常比較年輕、小隻，肌肉發展尚未完整。

我們認知的白肉類，如雞肉、火雞肉，是來自低活動量且不需大量氧氣的動物部位。因此，這些肉不需要太多肌紅蛋白就會維持白色。有些禽類沒有常飛行及消耗氧氣，如鴨類，其肉質基本上就會是深色。

你可以這樣做 牛肉或羊肉從紅色轉為灰色很正常，顏色轉變不一定代表肉品壞掉了。或者可以檢查一下肉是否有異味？摸的時候是否黏滑？就可以知道肉是否已經不能吃了。

Q39 軟嫩肉及有嚼勁的肉，有何不同？如何料理？

| A | **兩者的肌肉纖維密度不同。前者適合用高溫、快煮；後者則需低溫、長時間慢煮。**

科學原理 我們認為的肉大多數是骨骼肌肉組織，由蛋白質肌絲組成，為了維持肌絲彼此收縮並產生運動，這些肌絲綁在一起組成瘦且細長的肌纖維。一塊肉柔軟或強韌取決於蛋白絲的密度，以及其中含有的膠原蛋白總量。膠原蛋白由結締蛋白質組成，其功用是維繫肌肉。從肌肉取得的肉

因有規律運動會比較強韌，例如肩膀或腿部的肉，肌絲會因為肌肉持續產生阻抗及運動而增長——有越多肌絲，肌肉組織就會越厚實，肉質也會越有嚼勁。來自規律運動部位的動物肉塊（如肩頸肉、梅花豬、牛胸肉），也會含有較多結締組織及膠原蛋白，讓原本就強韌的肉不好嚼。

　　話雖如此，「強韌」用在肉類上也有點不妥，有些肉是因為沒有適當烹飪才會變硬，即肌肉纖維、結締組織及膠原蛋白沒有被分解。烤肉、含密集肌肉纖維和膠原蛋白的肉質，就需要濕潤的烹飪方式及較長的烹煮時間，像是燜燒、慢燉、蒸煮等。

　　透過水解作用利用水（或其他液體）幫助加速肉質軟化，保持水分及與膠原蛋白等蛋白質發生反應，此過程將在燜燒及慢燉烹飪中進行。軟化過

軟嫩肉與嚼勁肉的差異

軟嫩肉　　　　　　　　　　嚼勁肉

脂肪
沉積

低密度
肌肉纖維

高密度
肌肉纖維

膠原蛋白包覆
的肌肉纖維

軟嫩肉部位的肌肉纖維密度不高，並含有脂肪沉積
（大理石紋）。嚼勁肉的肌肉纖維有極高密度，並
有豐富的膠原蛋白及較少脂肪沉積。

程的水分也可源於肉質本身的肉汁，大塊肉以慢火燻烤的方式，如牛胸肉及梅花豬。關鍵是保持足夠低溫，隨著膠原蛋白開始放軟最終溶解，肉就能維持濕潤口感，經過數小時烹煮，肉質產生巨大轉變，從很有嚼勁到不可思議地柔軟，肌肉組織基本上已崩解。

最後一種方式，就是烹飪前用木槌將較硬的肉以物理方式破壞內含的蛋白質及肌肉組織，使其軟化。如小里脊肉這些較軟的部位，來自動物相對未充分使用的背部及腰部肌肉，因此肌肉纖維密度也較低。有些柔軟肉質也具有特別高比例的脂肪，因為源於動物生存時儲存脂肪的部位。這些部位的烹煮方式須著重於更進一步地發展風味，特別是梅納反應產出的美味褐變，例如煎封、炙烤、燒烤等乾燥高溫的烹調法（更多細節請參考 p.30 的內容）。

你可以這樣做　如果用對烹飪方式，任何部位都能煮出軟嫩的口感。以低溫、長時間慢煮的方式，可讓有嚼勁的肉有時間分解成美味且柔軟的口感；高溫、快速的烹煮方式，可以讓原本就軟嫩的肉質增添更多風味。

Q₄₀ 熟成肉真的比較嫩嗎？

| A | 是，透過調整溫度及濕度來製造口感。

科學原理 乾式熟成肉是透過謹慎控制的溫度與濕度而製成，其風味及軟嫩度會隨著時間改變。乾式熟成過程是：在肉類組織中發現的酵素，也就是蛋白酶，會慢慢地崩解蛋白質，讓肌肉與結締組織構成胺基酸及胜肽（蛋白質肌絲），增加軟嫩度並加強肉的風味。

乾式熟成的過程中，細菌與黴菌也會同時在肉的表面孳生，就像熟成起司，釋放酵素並更進一步分解肉中的蛋白質。乾式熟成會讓肉慢慢乾燥，製造出乾燥的外層。正因如此，乾式熟成通常用於非常大塊的肉，熟成後可去除乾燥外層，享用多汁、軟嫩的內層。

你可以這樣做 熟成越久的肉不一定最美味，大多數的軟化效果會發生於熟成過程的第十至十四天中，雖然牛肉熟成時間可超過三十天，不過，未妥善控制熟成條件的牛肉容易腐敗，散發難聞的氣味。

Q41 為什麼油花能讓牛排更美味？

│ A │ 因為脂肪能保留水分，維持多汁口感。

科學原理 大理石紋（即油花）就是牛排中散布於肌肉纖維的脂肪白色斑紋。牛以穀物飼養時，多餘脂肪就會儲存在身體中某些運動量較少的部位，如小里脊肉，這些軟嫩肉質少有大理石紋，因為源於不儲存脂肪的動物部位。美國農業部將肉類大理石紋分級評比，極佳級（Prime）就是最高等級的大理石紋肉。

為什麼大理石紋如此受到重視呢？因為大多數氣味分子都是脂溶性，集中於動物的脂肪部位。此外，烹煮過程中脂肪也能幫忙保留水分，維持多汁口感。脂肪也是肌肉纖維中的潤滑劑，賦予牛排絲滑口感，更容易咀嚼。沒有大理石紋，我們無法享用美味口感及細微組織，也就是我們印象中美味牛排的味道。

你可以這樣做 要找到良好大理石紋牛排的最簡單方式，即認清美國農業部的盾牌標誌，就是極佳級認證。美國農業部極佳級認證的條件是指定最年輕的牛，代表最軟嫩、大理石紋最均勻。美國農業部認證的特選級（Choice）品質也很好，但比起極佳級，其大理石紋較少。最具大理石紋的牛肉大多來自肋眼、紐約客、無骨沙朗，這些部位都含有最均勻的大理石紋。

Q42 醃料能讓肉變嫩嗎？

| A | 必須根據肉的種類及醃料的成分而定。

科學原理 醃料或許能為肉添加風味，但不一定能讓肉變嫩。事實上，充滿酸性成分的醃料（內含醋、檸檬、酒）會讓肉變硬，因為酸鹼值降低。所有蛋白質的酸性質都是零，也就是等電點。等電點的特別之處在於蛋白質在此，其酸鹼值會失去吸收水分的能力，導致蛋白質縮水且變硬。大多數肌肉蛋白質的等電點大約落在 5.0 至 5.6，酒的酸鹼值大約在 3.3 至 3.6，醋和檸檬汁的酸鹼值在 2 至 3。由此可以發現，醃料的酸鹼值如何達到動物蛋白質的等電點，一旦肉離開醃料太久就會導致肉質變硬。

比起肉類或禽肉類，酸性醃料滲入魚肉的程度更深、更快，因為魚的肌肉很薄且易剝落，是由薄薄一層結締組織連結的分層片。陸地動物的肌肉組成是緊密地捆綁，會阻擋醃料滲透。魚肉的膠原蛋白也沒有陸地動物多，暴露於酸性醃料時，膠原就會輕易地被崩解（請參見 p.94 的內容）。

> **"**
> 比起肉類或禽肉類，酸性醃料
> 滲入魚肉的程度更深、更快。
> **"**

如果你想用醃料軟化肉質，不要用酸性成分，改用酵素。軟化酵素可分解蛋白質為小塊，以肉類蛋白為例，酵素會慢慢分解肌肉纖維。用以軟化肌肉蛋白的主要酵素是鳳梨酶、木瓜酵素、奇異果蛋白酶。鳳梨酶存於鳳梨及鳳梨的莖中，新鮮時效果最好，因為酵素在高溫中會失去活性，但加工的鳳梨食品不含活性鳳梨酶，如鳳梨汁、鳳梨罐頭。木瓜酵素存於木瓜中，與鳳梨酶相同，會在高溫時失去活性。奇異果蛋白酶存於奇異果中，但不具有上述兩種分解蛋白質的能力。

你可以這樣做　如果要軟化肉質應避免使用酸性醃料，除非是魚肉用醃料，因為魚的肌肉結構可以很好地吸收酸性成分。酸性醃料會讓大多數肉類變硬。鳳梨、木瓜、奇異果都是很好的酵素來源，可用於軟化肉質。要得到最好的軟化效果，果肉應做成泥狀，或與其他醃料充分混合。之後將要醃製的鮮嫩肉品置於上述混合物中，置於冰箱至少 20 分鐘，不超過 1 至 2 小時，可預防口感變糊；醃製較硬的肉時，應置於冰箱至少 12 小時。

魚肉及陸地動物的肉，如何受醃料影響？

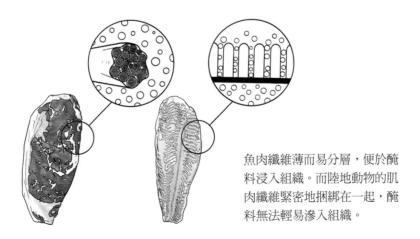

魚肉纖維薄而易分層，便於醃料浸入組織。而陸地動物的肌肉纖維緊密地捆綁在一起，醃料無法輕易滲入組織。

Q43 鹽漬能讓肉變嫩嗎？

| **A** | 可以，能幫助肉留住更多水分。

科學原理　一般來說，肉類肌肉纖維中的蛋白質，是從其本身天然水分中合成，水分子包圍蛋白質，結合於蛋白質分子結構中形成開口。當肉被加熱，肌肉蛋白質會透過變性作用散開又重新凝聚。重新排列會導致蛋白質纖維收縮、緊繃再釋出水分，成為肉汁。鹽漬可在烹煮前增加肉中的含水量，也可以減少烹煮時的水分蒸發及流失。鹽水濃度高，能穩定地進入肌肉纖維，引進更多水分，鹽水中的鹽可使蛋白質變性，與烹煮的熱能相似，但不會讓水分流失。事實上，蛋白質中帶電的部分會與鹽離子產生交互作用，可以讓蛋白質留住更多水分。蛋白質散開時，水分子進入蛋白質深層分子細孔，連結裂縫及間隙。烹飪時，鹽水會被困在縫隙間，產出多汁的肉質。

你可以這樣做　鹽漬可以維持肉品的多汁口感，每加侖（約3.8公升）的水加入一杯食鹽或兩杯猶太鹽（編按：原名 Kosher Salt，和食鹽相比，顆粒較粗、鹹度較低，適合醃肉，可於進口食品材料行購得），多數肉可以醃漬1至4小時，依肉大小而定，醃漬時肉應完全浸於鹽水中。

取自海或岩石製成的猶太鹽，原先被猶太人用以清洗肉上的血水。與食鹽相比，猶太鹽顆粒較粗，也比較不容易溶解。

Q44 料理前，應該先把肉放到室溫下靜置嗎？

| A | 不用，直接料理即可。

科學原理　你總是可以在食譜上看到「烹煮前，把肉拿出冰箱後靜置至少 30 至 60 分鐘（尤其是牛排或烤肉），讓肉回到室溫的溫度」。顯然，背後的思維是減少肉的烹煮時間。

　　現實是，要把肉放到室溫溫度需要一段時間。《料理實驗室》（*The Food Lab*）作者傑‧健治‧羅培茲奧特（J. Kenji López-Alt）曾以牛排實驗，放置室溫下 20 分鐘後，牛排的內部溫度只上升不到攝氏 1.1 度，從熱平底鍋傳導熱能到牛排的速度，遠比室溫傳達至牛排更快，因此烹飪前將牛排或烤肉回復至室溫的意義不大。

你可以這樣做　牛排放在室溫下 20 至 30 分，與從冰箱拿出來直接進鍋烹煮，吃起來的差異很小，所以跳過這個騙人的步驟，要煮時再從冰箱拿出來吧！

Q45 煎封牛排能鎖住肉汁嗎？

| A | 不能，但是能產出美味風味。

科學原理 暢銷書《食物與廚藝》（*On Food and Cooking*）作者哈洛德‧馬基（Harold McGee）認為，煎封牛排可以封住肉汁是烹飪界最大的迷思。他發表自己的廚房實驗結果，雖然煎封牛排會形成酥脆外皮，但那層外皮並不防水——將完成的牛排置於盤上時，肉汁就會流出。儘管馬基已公布實驗結果，迷思仍持續存在，使得其他烹飪書作者及食物科學家不斷以自身經驗企圖打破迷思。《偉大的燒烤科學》（*Meathead: The Science of Great Barbecue and Grilling*）作者兼烤肉專家米特‧戈德溫（Meathead Goldwyn），用兩塊牛排實驗，其中一塊在烹煮前進行煎封，然後兩塊一起以同樣溫度加熱，最後秤重。結果，兩塊牛排重量一樣，代表所含的水分一樣，以此證明煎封的那塊牛排並沒有保有更多水分。

但是，快速煎封可以達到一個效果，就是產出美味風味。當肉與高溫熱鍋接觸時會產生梅納反應，將胺基酸轉為數百個美味的風味化合物（更多細節請參閱 p.30 的內容）。這就是為什麼有些烤肉食譜會建議慢火烹煮前，先將肉放在熱鍋中以產生褐化。

正如前文所說，雖然烹煮前快速煎封無法鎖住肉汁，但短時間、高溫的烹煮方式，其損失的水分比長時間、低溫更少，因為短時間烹煮代表水分流失得不多。

你可以這樣做　如果在動作夠快的情況下，比起其他烹飪方式，煎封可製造強烈風味及色澤，減少水分流失。快速煎封牛排是用乾燥（無油）不鏽鋼平底鍋，加熱至攝氏 260 度或更高溫；極高溫可以讓牛排烹煮時不沾黏平底鍋（請參考 p.86 的內容）。

Q46 用冷鍋或熱鍋料理培根（煙燻肉），有差異嗎？

｜A｜ 有，口感會不同。

科學原理　培根的脂肪含量相當高，每 8 克培根就有 3.3 克脂肪，超過其重量 40%。想料理培根就需要了解脂肪如何受熱能影響，如果你將一塊冷培根置於熱鍋上，可能在脂肪煎軟前，肉就已經變褐色了，最後你會得到一塊黏軟口感的培根。如果把冷培根置於冷鍋上慢慢加熱，脂肪會融解，肉質部分變棕色，軟化的脂肪有助於產生酥脆口感。

你可以這樣做　要得到褐色、酥脆的培根，最好用冷鍋且從低至中溫開始煎。另一個好方法是烤箱設定攝氏 218 度後烘烤培根，20 分鐘後即可獲得完美酥脆的培根。

Q₄₇ 肉為什麼會黏在熱鍋上？

| A | 因為肉品含半胱胺酸，會和鍋子的金屬產生反應。

科學原理　你一定看過這個現象，加熱平底鍋後，雞肉塊的其中一面已經變褐色，想翻面時，肉就像膠一樣黏在鍋子上，如果拉開肉塊，肉就會被撕開。

原因在於肉中的蛋白質含有半胱胺酸，是胺基酸的一種，而一個胺基酸會有一個硫原子附著。硫活性很高，可以組成相對穩定的化學鍵。肉接觸到加熱的平底鍋時，蛋白質會散開並暴露半胱胺酸於金屬上，硫原子與金屬鍋發生反應，形成穩固的金屬硫鍵，讓肉黏在平底鍋上。最後，肉持續在平底鍋上烹煮，其表面的熱會導致半胱胺酸崩解，同時也會破壞化學鍵與鍋子的鏈結。

肉為什麼會黏在熱鍋上？

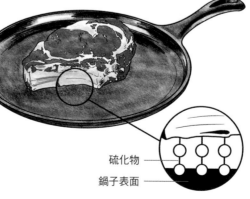

肉和其他富含蛋白質的食物相同，都有半胱胺酸，是一種含有硫原子的胺基酸。
當蛋白質在鍋子上加熱，半胱胺酸中的硫原子會與鍋子的金屬發生反應，產出非常牢固的硫化物鍵，導致肉沾黏在鍋子上。

硫化物ー
鍋子表面ー

你可以這樣做 褐化肉類時，要有耐心；一旦達到半胱胺酸的崩解點，肉就能從鍋子中分離出來。若想避免沾黏，另一個方法是在一開始就用超級熱的平底鍋（攝氏 246 度以上），這樣肉中的半胱胺酸就會在接觸時分解。

Q_{48} 抹油可以讓肉更多汁嗎？

| **A** | **不一定，鹽漬的效果可能更好。**

科學原理 《烹飪畫報》（*Cook's Illustrated*）團隊進行一項實驗，每 20 分鐘抹油於第一片火雞胸肉上，第二片火雞胸肉則不抹油，測試兩者的效果。另外，第三片火雞胸肉也不抹油，但每當第一片火雞胸肉抹油時，就打開第三片火雞胸肉的烤箱。他們發現，三片火雞胸肉的水分流失近乎一樣。然而，抹油的火雞胸肉色澤確實比另兩片漂亮，很可能是汁液中的胺基酸觸發了梅納褐變。

你可以這樣做 如果你想得到多汁的肉，可試試用鹽水而非抹油（請參考 p.82 的內容）。

Q_{49} 為什麼肉會變乾？

| **A** | 因為肉中的脂肪含量、種類及烹煮方式，
都會影響口感。

科學原理　首先，讓我質疑「乾掉」的說法。多汁和乾柴都是人類主觀感受，有多種因素會影響品質，肉中的自由水與結合水就是因素之一。如果肉中的蛋白質與水分子穩固連結，就不會有很多水分讓你品嘗到多汁口感。牛肉乾就是個例子，其含水量有 25 ％，但口感上仍是乾的。又或是鹽和礦物質含量，其他成分也會影響水在肉類蛋白質基質的排列與結合。

　肉的脂肪含量及種類，也是導致口感乾柴的重要因素。當肉的脂肪在烹煮時溶解，我們吃到滑順且流動的脂肪，這也是一種多汁。烹煮時脂肪也可以幫忙鎖住水分，防止肉變得乾柴。肉被烹煮時，其蛋白質變性且縮水，導致其中一些水分被排除於我們認知的肉汁形態。過度烹煮也會導致

> 肉的脂肪含量及種類，
> 也是導致口感乾柴的重要因素。

蛋白質縮水得更嚴重，水分流失更多，感覺肉更乾了。但是，含有大理石紋脂肪（油花）的肉可以彌補水分流失，如同蛋白質纖維中的潤滑劑。有些慢燉且富含膠原蛋白的肉塊也可以保有水分，因為膠原蛋白會崩解為動物膠，製造多汁口感。膠原蛋白分解，就是微燻製牛腩慢燉數小時背後的美味祕密。

你可以這樣做　　　每塊肉的烹煮方式都不同，需符合其特殊的脂肪、水分、膠原蛋白、結締組織、肌纖維蛋白質分布。了解你手上的肉，知道它如何與水分、溫度、時間互相影響，就能避免乾柴。脂肪在充滿大理石紋的肉中可創造多汁口感，避免煎封後變得太乾。富含膠原蛋白的肉塊，如牛肩胛、牛腩、牛側腹，慢燉一段時間後仍是多汁口感，因為膠原蛋白會轉為動物膠，吃起來就多汁。

Q50　肉類和禽肉類煮好後，需要靜置嗎？

│ A │　不需要，烹煮後立刻上桌即可。

科學原理　　　在牛排或其他肉類食譜中，你可能會看到一個步驟，即烹煮前或切塊前需靜置 5 至 10 分鐘。這個步驟背後的思維是肉烹煮時肌肉纖維收縮，水分就會被推向表面——因此，如果你一關火就切肉，肉汁就會流出來。如果靜置肉品，可以靠時間放鬆纖維，讓肉汁重新被吸收，重

新分布於肉中，得到多汁的牛排。這些聽起來都很合理，但現實正好相反。首先，肉品靜置時仍持續加熱，也就是所謂的餘溫加熱（請參考右頁的內容），依據肉的大小和靜置的時間，溫度可以再攀升約 3 至 6 度，就可能會變乾。

同樣地，隨著肉冷卻，堅硬或酥脆的肌肉外皮會變軟，美味的脂肪開始凝固，影響味道及口感。最後，肉類科學家及專業廚師在幾項非正式實驗中發現，有靜置及未靜置的牛排，濕度差異約在 6％ 至 15％，相對來說是微不足道的幅度。

你可以這樣做　烹煮後應立即讓肉上桌，保持入口時肉的熱度，也能防止餘溫造成過熟。

「
肉靜置時，仍會持續加熱。
」

Q51 真的可以透過餘溫烹調食物嗎？

| A | 可以，只要設定好溫度即可。

科學原理 食物被烹煮時，其外皮一定比內部熱，因為外皮與熱源的接觸更多（除了微波，熱能會從食物內部生成）。在爐台上、烤箱裡、烤盤上的烹飪過程，熱能都是從很熱的食物外皮傳導至內部，由此達到熱能均衡。食物從熱源移開後，熱能會持續從外到內重新分布，這個現象就是我們所知的餘溫。取決於某些因素，食物的內部溫度可以持續上升攝氏 1.5 度至 8 度，隨著食物遠離熱源，就可能影響水分、口感及風味。

影響餘溫的因素就是外部溫度（平底鍋、烤箱、烤盤的熱度）、食物本身的尺寸（多大塊）、含水量以及食物的表面，越熱的表面就會導致越多熱能從外皮移入內部。攝氏 232 度烘烤的食物，會比長時間以攝氏 121 度烹煮的食物帶有更多餘溫，以烤火雞和烤小馬鈴薯相比，前者可以維持更多熱能。含水量也很重要，因為水和脂肪或蛋白質相比，有極高的帶熱能力，即使只有一點水也能留住相當多的熱能，意味著含水量高的食物比起較乾的食物，能維持餘溫更久。表面也是重要的因素，整顆馬鈴薯能維持的熱能會比切片的更多，因為熱能會很快從所有切面散出去。

你可以這樣做 如果你不打算讓切片肉在離開烤箱或烤盤時馬上上桌，烹煮到比預期溫度低 2.5 度（較薄的肉片到中溫）至 6 度時（較厚的肉片到高溫）就離開熱源。或是在一達到你設定的溫度時就立刻切片，上桌享用。

Q$_{52}$ 為什麼有些肉需要逆紋切？

| A | 因為肌肉纖維會被分段、變短，利於咀嚼。

科學原理　肉的肌肉纖維相互平行，肌肉被動物用得越多，纖維就會變得越硬、越強韌。如果肉順著紋理切，或隨著肌肉纖維的方向切，肌肉纖維的長肌束就能維持在你咬下的每一口裡。如果你切的肉源於動物不怎麼運動的那塊肌肉，例如里脊肉，這些就不重要了，因為這些部位的肌肉纖維並不密集。但如果順著紋理切牛側腹或牛腩這些較硬的部位，總要經過一番辛苦的咀嚼才能分解這些纖維。當肉逆紋切時，肌肉纖維就會被分段、變短，更易於咀嚼。

《美國實驗廚房》測試了以逆紋切及順紋切的牛排，用質構儀測量咀嚼時所需的力量。他們發現牛側腹和紐約客牛排順紋切時，牛側腹所需的咀嚼力是紐約客牛排的四倍。然而，當兩塊牛排都逆紋切時，牛側腹只需紐約客的 16％咀嚼力。實驗結果令人非常訝異，揭露了逆紋切的重要性。

你可以這樣做　當肉品採用逆紋切時，會分解其強韌的肌肉纖維，進而增加軟嫩度。如果適當的切片，強韌的部位也可以變柔軟，只需花點時間觀察紋理部位，以正確的角度（90 度）下刀切片即可；若想要更軟嫩，切得越薄越好。

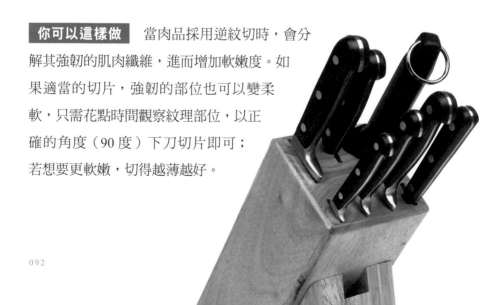

Q53 肉湯、高湯、大骨湯之間真的有差異嗎？

| A | 成分不同，但在大多數食譜中可互換。

科學原理 準備湯、醬料或燉物時，廚房裡有肉湯或高湯就太好了。但這些基底湯之間的差異是什麼？可以互換嗎？肉湯與高湯其實就是肉或骨頭、蔬菜、香氣的水溶性成分組成的調味用基底。一般肉湯是將肉放在水裡（不一定有骨頭）慢燉一小段時間，通常是 30 至 60 分，時間足夠讓肉中的可溶性成分溶解於水中，包括富含鮮味的核苷、胺基酸、肉香化合物以及少量膠原蛋白（如果有骨頭時），肉中的脂肪也會溶於肉湯中，冷卻後的肉湯仍會是液狀。

另一方面，高湯就是由肉多、膠原蛋白多的大骨組成，如大腿骨、小腿骨、牛尾、髓骨、頸、股骨或翅膀，放在水中長時間燉煮。時間就是製作美味高湯的關鍵，慢燉的時間必須夠久，才能萃取及水解出骨頭中的膠原蛋白，產出動物膠，賦予美味高湯絲滑、濃郁的口感。高湯冷卻後會變成半固體狀（像果凍），因為高湯中的動物膠會在冷卻時凝固，過程需要 2 至 6 小時（以雞湯為例）。隨著高湯冷卻，慢燉時溶於高湯中的脂肪會浮上來並凝固，像蓋子覆蓋住湯一般，很容易被撈起。

大骨湯和高湯相似，燉煮時間比肉湯久，但需要更多時間慢燉，至少 10 至 12 小時，不只足夠溶解膠原蛋白，也可溶解骨頭中的礦物質，萃取出最多的營養素。大骨湯被冷藏時，因其含有動物膠，也會形成半固體。

肉湯、高湯、大骨湯在大多數食譜中都是可互換的。高湯及大骨湯最適合用於醬料,以增添濃郁口感,且因含有動物膠,也可為湯品及燉品帶來豐富的香氣。

Q54 柑橘汁真的可以用來做酸漬海鮮嗎?

| **A** | **不行,因為沒有任何科學根據,且也無法殺菌。**

科學原理 當我們用柑橘汁醃漬生魚或其他海鮮,並製成酸漬海鮮時,肉的顏色會慢慢從半透明的粉色,變成不透明的白色,就像「煮」過一樣。會變色是因為魚肉中的蛋白質正在改變結構,這是為了應對柑橘汁的酸性,此過程叫做變性作用。蛋白質被加熱時也一樣,這就是烤盤上的魚會滋滋作響的原因。問題就在於,不像魚在烤盤上滋滋作響,以柑橘汁醃漬生魚並沒有任何科學依據。

雖然柑橘汁改變魚的顏色及質地,潛伏於魚肉表面的細菌、病毒以及魚肉裡的寄生蟲,依然活得很好,因為缺少熱能殺菌。

你可以這樣做 以食物安全的觀點,酸漬海鮮中的魚仍是生的,所以當你想製作

壽司或其他生魚料理時,魚肉必須絕對新鮮,且要跟可靠的魚販購買。酸漬海鮮在醃漬時必須置於冷藏,完成後必須儘快食用。同時也需注意,當酸漬海鮮在酸性醃料中放置太久時(超過30分鐘),會如同「煮過頭」般,分解成蒼白、粉粉且乾裂的魚塊(原因請參考 p.80 的內容)。

Q55 烹飪時,為什麼龍蝦會轉紅、蝦子則變粉紅?

| A | 因為甲殼藍蛋白所致。

科學原理 蝦紅素是紅色色素分子,當有機體受威脅時,微藻類的雨生紅球藻會自然生成。色素是為了保護微藻類免於日光傷害,很多海洋生物會食用這種藻類,並累積色素於組織中,如鮭魚及紅鱒魚。此外,有些魚肉有粉紅色澤,是因為飲食中攝取了蝦紅素。換句話說,龍蝦與蝦子在外骨骼製造的蛋白質稱為甲殼藍蛋白,這種蛋白質與蝦紅素結合,會製造藍色色澤,也是活龍蝦及蝦子呈現藍灰色的原因。

當龍蝦和蝦子被煮後，甲殼藍蛋白就會放鬆控制蝦紅素，釋放於包覆它的殼中。最後，紅色就會以煮過的紅、粉紅海鮮形式再次呈現。

你可以這樣做　烹煮龍蝦或蝦子時，當其轉為紅或粉紅，就是煮好的象徵，表示已到達甲殼藍蛋白放鬆蝦紅素的溫度，導致海鮮的顏色改變，接近細菌中蛋白質的變性溫度。為了確保龍蝦或蝦子能安全食用，一定要符合這項條件才能上桌。

Q56　為什麼魚聞起來有魚腥味？

｜A｜ 因為當魚開始腐敗時，組織會分解，釋放難聞的胺類物質。

科學原理　魚含有三乙胺氧化物，能幫助維持海洋及體內的鹽分平衡。當魚被抓到且殺掉時，組織會開始分解，魚的組織及活在體內的共生細菌會釋放黴菌，將三乙胺氧化物轉為三乙胺，也就是造成魚腥味的高度揮發性物質。一般來說，人類對胺類高度敏感，會將胺類聯想為腐壞的象徵。

魚體內也含有許多蛋白質，這些蛋白質會被共生細菌及腐壞的魚肉組織分解為胺基酸。細菌會釋放一系列名為去羧酶的酵素，從胺基酸化學中分解出二氧化碳，留下製造魚腥味及味道的胺類，如腐胺與屍胺（這樣命名是因為它們就是腐爛屍體味道的罪魁禍首）。只要魚變老或沒有適當保

存、置於較熱的溫度下時，這些共生細菌就會激增。這就是為什麼魚肉變質或壞掉時，會有這麼強烈的氣味，胺的氣味不僅特別難聞，如果大量攝取也可能中毒，造成中毒的胺類是組織胺，會引起發癢、頭痛、腹瀉。

你可以這樣做　胺類與酸反應後會形成銨鹽，相對較無臭無味。如果你想消除廚房中的魚腥味，可加幾湯匙的醋進沸水中，沸水會蒸發醋中的醋酸，並與空氣中的帶氣味胺類反應，淡化魚腥味。如果魚有非常強烈的氣味，就不適合食用，一般來說，你買的任何海鮮聞起來都不該有腥臭，應該完全沒有味道才對。

CHAPTER 4

蛋類 & 奶類
Eggs and Dairy

蛋及奶類是許多食物的基礎,從豐盛的早餐到柔軟、
口感輕如羽毛的蛋糕,背後的魔法就在於蛋白質,它
可以製造泡沫、乳化油與水,並讓麵糊濃稠、固化為
膠狀,甚至還有更多功用!蛋及奶類中的脂肪可以增
加餐點的滑順度、黏性及風味。如果想調整食物的質
地,可透過脂肪及蛋白質間的化學作用來完成。讓我
們一起更深入挖掘蛋及奶類背後的科學吧!

Q57 是否有能取代蛋類的最佳替代品？

| A | 依功用，可改放其他植物類替代品，如奇亞籽或亞麻籽。

科學原理 雞蛋是自然界中最豐富的蛋白質來源，能在特定的烹飪前置作業中發揮多種功用——可以打成泡沫或用來結合成分，使卡士達醬變濃稠、乳化醬料等。選擇一種植物基底的替代品可能很難，只有一種成分無法符合所有要求，因為這個替代品必須做到蛋類於食譜中可達到的相同效果。

蛋是蛋白質及脂肪的含水混合物，蛋白擁有大多數水分及增稠能力，蛋黃則擁有脂肪及乳化能力。蛋白有白蛋白，攪打時組成相互連結的蛋白質網絡，困住空氣與水，先形成泡沫然後成為濃稠膠狀，賦予食物輕盈及清爽感。蛋白中的蛋白質，可以幫助結合脂肪、碳水化合物及其他蛋白質，加熱後凝結且穩固，讓烘焙食物的支撐力更好。

蛋黃富含脂肪，含有整顆蛋近一半的蛋白質含量。蛋黃也含有卵磷脂，也是能乳化脂肪及含水成分的主要乳化劑。

蛋的替代品，需含有可模擬雞蛋在特定食物中發揮效果的化合物。常見廚房用的蛋類替代品有亞麻籽、奇亞籽、鷹嘴豆水（鷹嘴豆浸泡或煮水），這些替代品通

常作為黏合劑或發泡劑，都含有與麵糊或其他成分結合後，可組成水基底網絡的化合物，能使混合物變濃稠，模擬雞蛋的凝結效果。鷹嘴豆水含有蛋白質及碳水化合物的混合物，所以可加於麵糊中作為凝膠劑，或攪打為蛋白霜狀的泡沫。

你可以這樣做　蛋是水、脂肪、蛋白質，以及具獨特特性乳化劑的複雜混合物。用植物基底替代品取代蛋時，你該先了解蛋在食譜中發揮的功用，是製造泡沫、結合成分，還是乳化劑？每種植物基底的蛋類替代品，通常只能完成其中一項。

如果你需要蛋白在蛋白霜、慕斯、打發麵糊時的發泡效果，以鷹嘴豆水（3 匙等於一顆大型雞蛋）打發，直到泡沫可拉出尖角是最佳選擇。如果你需要蛋黃的乳化效果，含有大豆卵磷脂的乳化劑，會是你的好幫手（1/4杯等於一顆蛋黃）。如果想製造全蛋在麵糊中滑順、膠狀的效果，可混合碾碎的奇亞籽或亞麻籽加水取代（1 匙混合物加 3 匙水，等於一顆大型雞蛋），使用前靜置 15 至 20 分，可讓碾碎的種子吸飽水分。

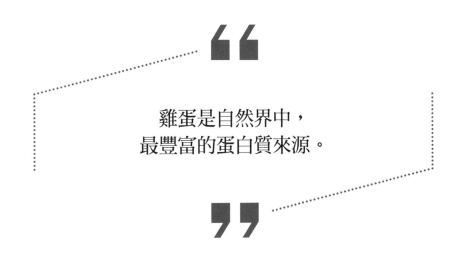

雞蛋是自然界中，
最豐富的蛋白質來源。

Q58 為什麼蛋白攪打後會膨脹？

| A | **因為空氣進入蛋白中所致。**

科學原理　蛋白轉為發泡泡沫是迷人的過程。卵白蛋白是蛋白中的主要蛋白質，通常呈圓形。卵白蛋白經攪拌被破壞時，機械力將其拉直為線狀，同時空氣中的氧氣被迫進入蛋白，導致卵白蛋白中名為雙硫鍵的化學鍵斷裂，又找到新的夥伴。越來越多氧氣與蛋白質發生反應後，這些雙硫鍵重新組合，像繩子的蛋白質開始互相連結，形成網狀網絡。空氣在巨大的蛋白質網絡中被困住並形成泡沫，如果加入穩定劑在混合物中（如鹽、塔塔粉、檸檬汁），透過輕微的蛋白質變性可加強蛋白質網絡，更容易重新斷裂及結合。糖可以維持水分，預防蛋白質在泡沫空氣表面乾掉，進而改善蛋的蛋白質網絡。如果蛋白質乾掉，結構會碎裂，泡沫也會崩解。

然而，這種擴張也有限。攪打太過會導致鄰近的蛋白質形成許多小塊狀。隨著時間過去，蛋白質網絡斷裂，最終成為一團無用的砂礫，無法復原。

脂肪也會破壞蛋白質網絡形成，這就是為何要確保沒有多餘蛋黃（富含脂肪）混入蛋白的重要性。蛋黃中的脂肪分子有親水性及疏水性的化學組織，會與圍繞在溶解空氣泡泡的蛋白質互相競爭，在網絡中戳出小洞，使空氣泡泡快速離開。

你可以這樣做 為了達到最佳效果，蛋白中不該含有蛋黃。如果你需要很多蛋白（例如做天使蛋糕），可以先把蛋分別打進兩個小碗內，確定蛋白中沒有任何蛋黃後，再換進更大的碗裡——你絕對不會想掉一點點蛋黃在蛋白裡。同樣地，也要確保打蛋器和碗的乾淨度，沒有殘留任何會影響蛋白泡沫的脂肪或清潔劑。

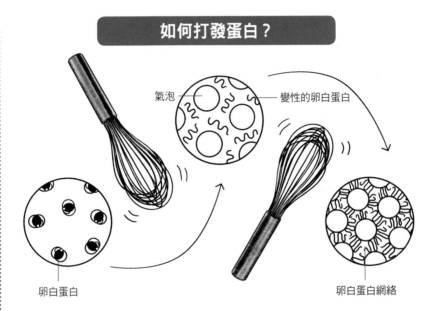

如何打發蛋白？

氣泡　變性的卵白蛋白

卵白蛋白

卵白蛋白網絡

蛋白含有卵白蛋白，一般來說是圓形。攪打蛋白時，蛋白質會被拆解（變性），氣泡會被困在蛋白質中。持續攪打後，蛋白質開始與其他蛋白質鏈結，製造網狀網絡困住氣泡，同時使蛋白變成輕盈且濃稠的泡沫，就能保持蛋白打發後的尖狀。

Q59 攪打蛋白時，溫度重要嗎？

| A | **重要，因為會影響打發的時間長短。**

科學原理 攪打蛋白會混合空氣及蛋白質（請參考 p.102 的內容）。氧氣加上機械攪拌，導致這些圓形蛋白質被拉成直線，連成一張蛋白質網絡。變性發生的速度取決於溫度，溫度越冷所需時間越長。因此同樣時間下，比起冰箱取出的蛋白，室溫蛋白打發的量更多。

你可以這樣做 蛋白應先置於室溫下 30 分鐘，或打發蛋白前置於溫熱的碗中，可增加打發量。但是，若是使用從冰箱拿出的蛋，必須馬上將蛋白及蛋黃分開，否則要花更多時間打發。

Q60 用銅碗來攪打蛋白，可以增加打發量？

| A | **可以，打出來的泡沫也會更細緻。**

科學原理 卵白蛋白是蛋白中主要的蛋白質成分，含有名為半胱胺酸的胺基酸。半胱胺酸富含硫，可和其他硫結合組成雙硫鍵。打發蛋白時需要少量雙硫鍵，它們可以幫忙組成蛋白質網絡，困住氣泡形成蛋白泡沫。但過度攪打會形成太多雙硫鍵，使得過度打發的蛋白結塊，最後只能丟棄。

使用銅碗打發蛋白時，碗中會脫落微量銅，溶解於蛋白中組成銅離子。半胱胺酸中的硫會與銅形成穩固的鏈結，甚至比其他半胱胺酸的鏈結更強。銅離子可在打發蛋白時，阻止形成過多的半胱胺酸雙硫鍵，也能幫助穩定蛋白質網絡，蛋白就能保持膨鬆與穩固，沒有過度攪打的風險。

你可以這樣做　在銅碗中打發的蛋白泡沫，其狀態會更穩定。為了最大化銅碗的效果，擦洗乾淨碗面後，可加入 1 匙鹽和 1 匙醋或檸檬汁，除去表面生鏽的銅（即銅氧化物）。若不這樣做，銅氧化物會封住用來混合食物的銅碗表面，反而會阻止蛋白與新鮮銅元素接觸，就達不到想要的效果了。

Q_{61} 蛋白如何幫助過濾高湯中的雜質？

│ A │　在高湯中的蛋白受熱後會凝結，鎖住雜質。

科學原理　為什麼剛開始燉高湯時，會呈現混濁呢？通常是燉煮時，蛋白質粒子溶出後凝結在一起，或與融化的脂肪乳化後，在高湯上形成漂浮物。或者，混濁的原因可能源於高湯中的肉、蔬菜，或辛香料脫落的粒子。大多數粒子能呈現一種或多種香味形式，因此若不是為了湯的清

澈度，沒有理由除去它們。

　　雖然粗棉布可以撈除、濾掉高湯上的漂浮物，去除大多數較大的顆粒，但若以蛋白過濾，可以去除更細的粒子。這是為什麼呢？原因在於，當蛋白被加入熱的高湯時，蛋中的白蛋白溶於高湯中，結合變性的蛋白質、脂肪及雜質。當蛋白受熱凝結，這些雜質會被困在白蛋白的蛋白群中，當凝固的蛋白被過濾出來後，就會只留下清澈透亮的高湯。

你可以這樣做　準備好高湯後，每 0.95 公升可用兩顆攪拌好的蛋白過濾，直到沸騰起泡。攪拌好兩顆蛋白加入高湯後，以溫火燉煮高湯 15 分鐘，不用攪拌。凝固的蛋白皮會形成於高湯表面，之後小心移除蛋白皮，就會產生清澈的高湯了。

Q62　剝水煮蛋時，為什麼蛋殼會黏在蛋上？

| A | 因為蛋中的二氧化碳所致，使蛋殼膜仍黏著蛋殼。

科學原理　如果是新鮮的蛋，其蛋殼膜（蛋殼與蛋白間的膜）會緊密地連著殼，幾乎不可能剝除，而市面上較老的雞蛋（相較於直接從農場賣出的蛋）通常較容易剝殼。因為大多數市售雞蛋都由製造商預先清洗過，過程中包覆有氣孔蛋殼的保護層被去除，二氧化碳因而從蛋中漏出。二氧化碳帶輕微酸性，從蛋中漏出導致蛋更偏向鹼性，也就更容易剝除蛋殼。

因此，可讓準備要水煮的蛋先冷藏數天，酸鹼值會隨著時間從 7.6 升至 9.2。此外，冷藏期間會有少量水分從蛋中蒸發，蛋的內部就會收縮，蛋殼膜也會在蛋中收縮，蛋殼與蛋之間會形成氣室，就能更容易剝除蛋殼。

你可以這樣做　如果用農場出售的新鮮雞蛋煮水煮蛋，可先清洗以去除保護層，並在水煮前先冷藏幾天，蛋殼就會更好剝。另一個方法是，在水煮時提高水中的酸鹼值，即每四杯滾水的量要加入半匙小蘇打粉，就能讓蛋殼更好剝除。

Q63 為什麼蛋黃煮熟後，有時會變成綠色？

| A | 因為蛋黃中含鐵質，遇熱會發生反應，形成綠色。

科學原理　蛋煮太久時，熱會導致蛋白中的半胱胺酸硫原子分裂，組成硫化氫。硫化氫擴散於蛋黃中，與蛋黃中的鐵發生反應，變得更偏鹼性，結果就是煮好的蛋黃周圍變成深綠色。蛋黃中的鐵質含量是蛋白的九十五倍，這就是為什麼蛋白不會變成綠色的原因。較老的蛋煮熟後更容易變成綠色，因為蛋越老就越偏鹼性。烹煮較老的蛋時，偏鹼性的特性會加速分

裂半胱胺酸及產出硫化氫。同時，如果你用鑄鐵鍋煎蛋或炒蛋，鐵可能會滲入煮好的蛋中，同樣也會變綠色。

你可以這樣做 要防止水煮蛋形成一圈綠色，可用冷水煮蛋且過程不可超過 15 分鐘。接著，煮好的蛋要迅速用流動冷水或泡冰水使其冷卻，防止過熟。如果要做炒蛋，可加入幾滴檸檬汁與蛋拌在一起，檸檬酸會與殘留的鐵連結，防止蛋黃變成綠色。

較老的蛋煮熟後，更容易變成綠色。

Q64 如何煮出最完美的水煮蛋？

| **A** | **使用蒸煮，就能煮出完美的水煮蛋。**

科學原理 「蒸」是做出完美水煮蛋最簡單可靠的方法，而且也好剝。水煮蛋會難剝，是因為蛋殼與蛋白間的蛋殼膜仍黏著蛋殼。當蛋暴露於蒸氣時，蛋殼膜中的蛋白質會被快速加熱，導致它們迅速崩裂（變性），從

蛋殼上剝落。蒸也是溫度一致且火候均勻的烹調方式，因為冷的蛋不會接觸到滾水，也不會讓水溫快速下降。

你可以這樣做　深平底鍋中加入 2.5 公分深的水後煮開，再將蛋放入蒸籠，並放入平底鍋，讓蒸籠底部浮在水面上，蓋住平底鍋蒸 6 分鐘，就能完成半熟蛋，如果蒸 13 分鐘則會變全熟蛋。煮好後，立刻將蛋放入冰水中冷卻 15 分鐘，停止餘溫烹煮。若在流動水中剝蛋，可讓蛋殼與蛋殼膜更容易脫落。

Q_{65}　做好的美乃滋為什麼不濃稠？

｜ A ｜　有可能是缺少足夠的卵磷脂。

科學原理　美乃滋是一種乳劑，乳劑很容易分離。以美乃滋為例，蛋黃的存在是成功結合油水的關鍵；如果美乃滋不濃稠，可能是沒有足夠的卵磷脂，你應該加入更多蛋黃，幫助油滴和水於攪拌過程中結合（可參考 p.41 的說明）。

用適當力道攪拌很重要，因為美乃滋需要透過強力使油分散到水中，或水分散至油裡。快速攪拌時，緩慢將油加進蛋黃混合物中也很重要，確保油足夠快速地攪打為細小的油滴，均勻地分散於混合物中。如果仍有大顆的油滴（在油加得太快時），小油滴會結合於大油滴周圍，破壞乳劑。同

樣地，加太多鹽或太多酸（如檸檬汁）會改變乳化劑的溶解性，也會阻礙（或破壞）乳劑成品。

你可以這樣做　首先，確實依循食譜，加入正確用量的鹽、檸檬汁或醋於蛋黃中；第二，加入油時務必要非常緩慢（幾乎是一滴接一滴），再來是非常快速地攪拌，直到混合物變稠（乳化），那時就能以快一點的速度加入油（但不要一次倒進去）。如果你跟著步驟但美乃滋還是沒有融合，可加入 1 至 2 匙滾水，就能重新溶解卵磷脂並與蛋黃結合，也可以再加一顆蛋黃進去攪拌，增加更多卵磷脂及乳化能力。

Q₆₆　為什麼荷蘭醬會油水分離？

| A |　**可能是直火加熱或是低溫所致。**

科學原理　製作荷蘭醬時，蛋黃（含卵磷脂）與澄清奶油（含酪蛋白）可提供雙倍的乳化能力，而製作荷蘭醬會發生的問題，大致與美乃滋相似（請參考 p.109 的內容），所以也可參考該頁的烹飪建議。荷蘭醬與美乃滋最大的差異在於，荷蘭醬是煮過的乳劑，加熱乳劑會導致分散的油滴膨脹且密度降低，使油滴從密度高於油的水中分離出來。因為這種乳劑的微妙平衡，荷蘭醬要用雙層鍋隔水慢煮，而不是熱鍋直火加熱，且也不能反覆加熱。

另一個導致荷蘭醬油水分離的因素是「低溫」。低溫會讓水逐漸變冰，分裂脆弱乳劑外層周圍分散的油滴，導致乳劑解凍後形成油水分離。

你可以這樣做 如果你沒有立即要用荷蘭醬，可先放入保溫罐裡保溫，要用時再倒出。如果過度加熱荷蘭醬到分離狀態，就只能倒掉重新製作。當乳劑因被冷凍過而分離時，同樣無法挽救，只能重做。

Q67 為什麼卡士達醬或熱牛奶上，會形成一層膜？

| A | 因為加熱後，蛋白質會產生變化，形成薄膜。

科學原理 牛奶中的蛋白質有兩種，包括酪蛋白與乳清蛋白。牛奶加熱至攝氏 70 度以上時，這些蛋白質會重新排列它們之間的分子結構，這種半永久的結構改變就是變性。加熱牛奶時也會產生蒸發，將變性蛋白集中於表面，一旦乳清蛋白及酪蛋白濃度超過臨界，就會形成表面的膜。除此之外，牛奶中的脂肪與一部分變性蛋白結合，也會阻止它們再次溶解於牛奶中，強制牛奶膜留在表面。牛奶或含有牛奶的混合物被加熱及冷卻時，也會形成一層膜，因為在冷卻過程中，表面會持續蒸發。也就是說，牛奶表面形成膜很正常，且可食用。

你可以這樣做 如果想預防牛奶表面形成膜，當加熱牛奶或含有牛奶的

食物時，溫度應低於攝氏 70 度，過程中須持續攪拌。此外，蓋上蓋子也可以減少表面蒸發。若是以牛奶為基底的布丁或卡士達醬，要避免形成膜的方法就是倒進碗裡時，表面直接蓋上保鮮蓋，以停止繼續蒸發。

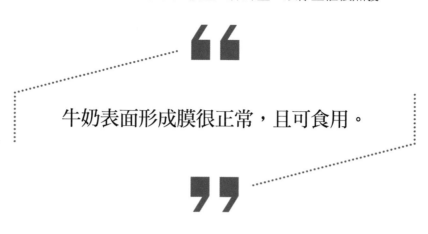

牛奶表面形成膜很正常，且可食用。

Q68 半對半鮮奶油和高脂鮮奶油，可以互換嗎？

| A | 可以，但要拿捏好分量。

科學原理 生乳進入牛奶加工廠時，會經過圓錐狀的牛奶分離器，旋轉分離為奶油（含有 36% 至 40% 牛奶脂肪、2.5% 牛奶蛋白質）及脫脂牛奶。奶油被包裝為高脂鮮奶油，或以精確比例加回牛奶中，生產成含 1%、2% 脂肪的低脂牛奶、全脂牛奶（含 3.5% 脂肪）及半對半鮮奶油（即鮮奶油和全脂牛奶以 1：1 的比例混合）。不管來自哪個農場或品種的乳牛，都可以透過此過程確保所有牛奶及奶製品標準化，維持一樣的脂肪比例。

這些產品的差別並非只有脂肪含量。因為脫脂牛奶是 1% 牛奶、2% 牛奶、全脂牛奶及半對半鮮奶油的基礎，而脫脂牛奶中的牛奶蛋白質非常重要。牛奶蛋白質作為乳化劑，與食譜中其他脂肪成分結合，成為質地、濃稠、發泡的關鍵。如果你用水稀釋高脂鮮奶油或半對半鮮奶油，並製成「牛奶」，就會失去蛋白質影響質地及口感的適當比例。換句話說，高脂鮮奶油或半對半鮮奶油，可被全脂牛奶及奶油的混合物取代，以彌補全脂牛奶中缺少的脂肪。

你可以這樣做　1 杯高脂鮮奶油可用 3/4 杯牛奶及 1/3 杯奶油取代（用來做鮮奶油也可以）。1 杯半對半鮮奶油亦可用 7/8 杯牛奶加 1/2 匙奶油取代。

Q_{69}　白脫牛奶裡有奶油嗎？

| A |　現今的白脫牛奶多為工業製造，已不含奶油。

科學原理　製作奶油的第一步是讓牛奶隔夜發酸，分離出油脂，接著把變酸的牛奶攪拌為奶油，攪拌後留下的液體就稱為白脫牛奶。雖然稱為白脫牛奶，但其含有的脂肪量少於牛奶，經過攪拌後所有脂肪都已去除。而現在白脫牛奶則是工業式製造，以低脂或脫脂牛奶及商業法培養細菌，經十二小時製造而成，細菌將乳糖發酵為乳酸，因此白脫牛奶才帶有酸味。

這額外的酸味使牛奶沉澱出牛奶蛋白質，成為凝結物且讓牛奶變得濃稠。麵糊中有小蘇打時，若再加入白脫牛奶，乳酸會與其發生活躍反應，產生不同於其他發酵劑的效果與質地，這就是為什麼人們喜歡白脫牛奶製成的美式鬆餅、格子鬆餅、玉米麵包及餅乾。

你可以這樣做　白脫牛奶碰到小蘇打時，會發生快速且獨特的反應，因此通常用於發酵麵糊及烘焙食物。白脫牛奶也可以用來取代牛奶，幫助湯、冰淇淋、沙拉醬、馬鈴薯泥及燕麥粥增添香濃感。

Q70　為什麼不同種類的起司，融化方式也不同？

｜A｜　因為含水量、脂肪含量等成分相異，故融化方式也不同。

科學原理　起司由水、牛奶蛋白質、脂肪、乳糖、鈣離子組成，鈣離子結合這些元素後再與酪蛋白連結，成為起司內的主要蛋白質。酪蛋白網絡中的空隙則有水、脂肪及乳糖。起司被加熱後，凝固

的牛奶脂肪率先成為液體，從起司複合物中分離出來。隨著持續加熱，酪蛋白脫離鈣離子開始自由移動。至於發生脫離的溫度及自由移動的酪蛋白數量（黏性），則取決於不同種類的起司。

有很多因素會影響融化溫度及起司黏性。起司的含水量也是其中一個原因，如莫札瑞拉及布利乳酪這類高含水量的起司，水分在各種蛋白質間扮演潤滑劑的角色，融化溫度也會偏低。脂肪含量於起司的融化特性中也是類似角色，高脂肪含量（如柴郡起司及萊斯特起司）會產生所謂「融化的起司」，無法維持原本的形狀。另一個因素是熟成程度，如克索布蘭可、波芙隆起司這類新鮮乳酪，因含有完整的酪蛋白分子，可以維持酪蛋白網絡，形成有彈性、多絲的質地，即使融化也可以維持原本的形狀。

有些新鮮起司內含有豐富蛋白質及低脂肪，如哈羅米、帕尼爾起司，因為蛋白質網絡能維持起司的完整度，即使高溫也不會被融化。當起司逐漸熟成時，蛋白質降解酶會被細菌及黴菌釋放，破壞酪蛋白並幫助製造更滑順的融化起司，例如熟成切達起司。

你可以這樣做　每種起司融化時都不一樣，這是多美妙的事啊！不管你想要烤還是做成起司通心麵，總是可以找到符合需求的起司。要將任何起司改變成質地滑順的起司醬，訣竅是準備 2 匙檸檬酸、2.5 匙小蘇打、1/2 杯水、1/2 磅你喜歡的起司（需切碎）；將這些混合物慢火加熱，直到起司融化後，輕輕地攪拌直到起司醬變得滑順。檸檬酸及小蘇打會發生反應，形成檸檬酸鈉，連結鈣質並破壞酪蛋白網絡。

Q71 為什麼有些起司有外皮，有些沒有？

A 有些是天然生成，有些則是外在因素所致，故沒有外皮。

科學原理 就像你在布利及卡門貝爾起司上看到帶粉末、白色的外皮，是由可食用的青黴菌屬黴菌生成（對，就跟青黴素同屬）。為了製成這類起司，起司製造商會在起司上噴一種含有活性黴菌的溶液，再將起司置於潮濕的環境，促進黴菌成長。黴菌破壞起司表面時，其他生物就會在外皮上生根，製造出熟悉的白色外皮，通常會在 5 至 12 天後開始形成。

洗浸式乳酪帶橘色或微紅光澤，來自於微生物群的成長，生成了紅色、橘色及黃色色素。這種起司每天以鹽水或酒溶液洗浸，幫助亞麻短桿菌生長，細菌就是這類熟成起司帶有強烈風味及氣味的來源，如林堡起司、阿彭策爾起司。還有一種塗抹熟成起司，其外皮形成方式與洗浸式乳酪相似，除了洗浸式溶液帶有細菌或真菌，能增添額外風味外，莫恩斯特起司及波特沙露起司則屬於塗抹式的熟成起司。

天然外皮的生成，單純是起司外表隨著時間乾燥的結果，沒有外皮的起司，如莫札瑞拉及切達起司，則可能是因為不太新鮮，故無法形成外皮，或是製造商用塑膠包裝進行熟成，以避免形成外皮。

你可以這樣做　大多數外皮都可食用，除了用蠟封的外皮，如艾登及高達起司，或外皮過硬不好咀嚼的起司，但是，如果外皮不好咬，也可以用來烹煮。如帕瑪森起司上太硬的起司外皮，可以加進義大利麵醬、燉物或湯中增添風味，其他硬皮則可用烤爐加熱，直到變軟後即可食用。

Q72　為什麼有些起司有強烈香氣，有些沒有？

| A |　因為用來熟成的細菌及黴菌種類，及熟成時間的不同所致。

科學原理　大多數起司製程的起步都一樣，用酸或酶使牛奶凝固，加熱並加鹽於固態凝乳中，然後即可直接使用。可將起司塑形，或將凝乳壓成車輪狀或塊狀。新鮮壓製的起司凝乳，風味及香氣都相當溫和，那麼為什麼有些起司的香氣強烈，有些還是淡淡的呢？差別在於每種起司用來熟成的細菌及黴菌種類，以及熟成時間的長度。許多帶臭味的起司通常都是以洗浸式或塗抹式熟成製成（請參考左頁的內容），兩種方式都是將起司外表暴露於潮濕且高濕度的環境中，助長細菌及黴菌產出臭味分子。若是乾燥熟成的環境，通常利於帶有溫和氣味的微生物生長。

以林堡起司為例，可說是世界上最難聞的起司之一，它被接種亞麻短桿菌，同一種菌也製造出人體的腳和身體味道。接著持續數週，每天都以溫和鹽水清洗林堡起司，再花上數月熟成。這種細菌可以代謝起司蛋白質中

的含硫胺基酸，產出有毒的揮發性硫化合物，如甲硫醇及硫化氫，並使垃圾及損壞的蛋發出惡臭。亞麻短桿菌也會製造令人厭惡的氣味，即丁酸及戊酸，就是舊運動服上的味道。若想將林堡起司轉為人們熱愛的氣味，須花費三個月的時間，但在這段時間內仍會發生非常多的生物化學反應。

你可以這樣做　帶臭味的起司如果沒有妥善冷藏，容易帶來棘手且惡臭的麻煩。這種氣味化合物是小分子，可輕易從塑膠袋或塑膠包裝中逃脫，被其他食物吸收，也會因同樣因素隨著時間失去香氣。如果想好好保存這些臭味起司，先將它從原本的包裝中取出，用羊皮紙或蠟紙重新包覆，再用鋁箔紙包第二層，最後放入有密封蓋的硬塑膠盒或玻璃保鮮盒內，再放進冰箱保存。

Q73 為什麼藍紋起司裡的黴菌，不會讓人生病？

| A | 因為洛克福耳青黴菌並非病原性黴菌，不會引發疾病。

科學原理　藍紋起司是一種名為洛克福耳青黴菌的菌種，是產出獨特香氣、風味及藍色紋路的主要因素。追根溯源，藍紋起司是被起司工廠飄散於空氣中的洛克福耳青黴菌孢子自然接種，但目前市面上多使用無菌實驗室內，商業化生產的冷凍乾燥洛克福耳青黴菌孢子。起司被接種黴菌後，

置於控制腐壞的低溫潮濕環境下，約六十至九十天熟成。熟成階段後，將起司置於攝氏 130 度下 4 秒，以殺死殘餘的洛克福耳青黴菌，避免更進一步發酵。

你可以這樣做　雖然食用黴菌聽起來很危險（或噁心），但食用藍紋起司或其他刻意發霉的起司，其本身並沒有危險（包括有白色粉末外皮的布利起司）。然而，軟質起司不該發霉，如果它在你的冰箱裡發霉，一定要丟掉，因為黴菌的菌絲體會滲入起司，絕對會讓身體感到不適。若是在硬質起司上出現霉點，只需切除該部位，因為黴菌很難深入硬質起司中生長。

Q₇₄ 起司可以冷凍嗎？

| A | 要依起司種類而定。

科學原理　起司是一種蛋白質、脂肪、水、鹽的美味結合。雖然這些成分在各種起司中的比例不同，但含水量是能否冷凍、解凍後仍有好品質的重要關鍵。食物被冷凍時，水分子就會放慢，排列成結晶結構形成冰。因為冰晶比液態水所占的體積更大，結凍水就會擴張，起司中的水冷凍時，導致起司蛋白質的微結構裂痕及破碎，結構上出現缺陷。起司被解凍時，水不會被重新吸收回蛋白質及脂肪的基質中；相反地，水會從起司中分離出來，變成更易碎及顆粒結構的起司。風味也會被分離現象影響，無法均勻地分布於整個起司中。

　　像是克索布蘭可、帕尼爾、布利起司等高含水量的起司，最容易因冷凍影響風味，精緻的手工起司及有洞、氣孔的起司，也會因冷凍產生負面影響。但是，大多數工業製程的塊狀或乳酪絲都禁得起冷凍，退冰後仍可維持相對良好的口味。堅硬、低含水量的起司，如帕瑪乾酪、佩科里諾羅馬諾乳酪，也不容易被冷凍影響口感。

你可以這樣做　如果你想冷凍起司，需好好地包裝以維持良好口感。用無毒保鮮膜緊緊包好起司，再放進夾鏈袋或有密封蓋的塑膠盒、玻璃保鮮盒中，應該就能防止冷凍傷害。冷凍起司可以保存三個月，要食用前應置於冷藏中解凍，才可食用。

Q75 加工過的起司是假起司嗎？

| A | 不是，只是以不同成分為起司增添風味。

科學原理 1900 年代初期，卡夫食品（Kraft Foods）創辦人詹姆斯・卡夫（James Kraft）還只是零售起司批發商，將產品賣給各個雜貨店。事業壯大後，他很快地了解阻礙他接觸到更多顧客的關卡之一，就是長距離運輸過程時，起司可能因此損壞。1916 年，他為這種可預防變質的起司製程申請專利。最初專用於塊狀起司，通常是切達、寇比、瑞士或波芙隆起司，都是用檸檬酸鈉或磷酸鹽融化，並可阻止脂肪及蛋白質在融化過程中分離。若是液態起司，則快速以巴氏殺菌法消除會造成腐壞的微生物，接著注入密封錫罐中，讓起司可以販售至全世界，幾乎沒有保存期限。

加工起司製造商最後發現，可從未加工乳清、固態乳製品的邊料中取出原料，再加入防腐劑、乳化劑、食用色素、人工香料後，可改良質地、風味、融化特性。但真正創新的是，製造商發現可添加酶於加工起司中，之後加熱至最適溫度數日，讓酶分解起司中的蛋白質及脂肪，產出非常強烈的氣味分子，製造出濃郁風味的酶改性起司。如此精心設計製造過程後，短短數天內就能再製作出熟成切達、帕瑪森、供佐洛拉及其他濃郁起司，不再需要數月、數年才能製造。現在酶改性起司多添加於食品中，如烘焙點心、沾醬、湯及其他加工起司內，用來加強風味。

CHAPTER 5

水果 & 蔬菜
Fruits and Vegetables

從有農業生活以來,人類選擇以育種來改變水果及蔬菜,並產生各式美味食物。我們早已適應用生物化學來滿足口欲,像是讓蘋果變得更甜、增加馬鈴薯的澱粉含量、水蜜桃變得更多汁,及花椰菜變得更好入口。但是當我們採買食材後,在料理時仍需耗費許多工夫,才能將食材轉變成符合口味的佳餚。因此,透過食物背後的科學原理,就能強化風味及質地,煮出美味料理。

Q_{76} 水果熟成時會產生哪些變化？

| A | **轉為多汁、飽滿的形態，形成更柔軟的果肉。**

科學原理 水果變熟時分為兩個不同種類：更性水果及非更性水果。更性水果採收後會持續變熟，蘋果、香蕉、番茄、酪梨都屬此類水果；非更性水果則必須留在植株上才能熟成。

　　當水果花首次被授粉，種子受精後會開始形成果實。種子吸收水分、養分及糖，同時釋放荷爾蒙，誘發子房壁細胞分裂，導致細胞尺寸擴大，形成未成熟的果實。果實內富含單寧、生物鹼及高密度纖維，帶給未成熟的果實苦澀風味及較硬的外皮。而這些化合物的目標是預防細菌、真菌，或避免動物過早吃進果實及未發育完成的種子。一旦果實成長至成熟尺寸，就會開啟一系列基因，並產生酵素，從緊繃、未成熟的果實轉為多汁、飽滿的食物，開始吸引動物及人類（他們會吃掉果實再幫忙散播種子）。

此過程中，水果開始吸收氧氣產生能量及熱量，澱粉轉為糖，酸被中和，綠色葉綠素被分解為新的色素分子，大分子轉為芳香化合物，為成熟果實帶來獨特香氣，果膠纖維將水果細胞黏在一起，被水解後形成更柔軟的果肉。這個過程會一直持續，直到細菌及真菌將水果分解成一團糊狀。

你可以這樣做 許多更性水果因含有植物乙烯，具有催熟作用，意味著

一旦開始熟成，很快就會變得過熟、軟糊。為了讓熟成過程中的酵素慢下來，像酪梨、香蕉等水果可以放在冰箱或家中陰涼的地方，以延緩作用。

Q_{77} 為什麼有些水果切開後會褐化？

｜ A ｜ 因為切開後接觸氧氣，發生反應所致。

科學原理　這種褐變是由統稱「氧化酶」的酵素引發（即酵素性褐變），也是許多水果的特性，包括香蕉、酪梨、蘋果。起因就是多酚氧化醇和兒茶酚氧化酶，只要接觸到氧氣就會發生反應，將水果中的天然化合物轉為黑色素，吸收光線並將切好的水果變成深褐色。此與人類接觸紫外線光使皮膚變黑的化合物，是同一種黑色素。多酚氧化醇和兒茶酚氧化酶在酸鹼值為中性 7 時發揮得最好，因此酸類反而能減緩酶及隨後發生的褐變。

你可以這樣做　為了阻止發生褐變，可用無毒保鮮膜（或其他密封容器）緊緊包住切好的水果，以防止其接觸氧氣，因為只要接觸氧氣就會開始褐變；或可在水果切面塗上檸檬汁或萊姆汁（酸鹼值約在 2 至 3），減緩引發褐變的酶。

Q_{78} 把香蕉和沒熟的水果放一起，可以讓水果熟得更快嗎？

│ A │ 可以，但要選擇對乙烯氣體敏感，能自行觸發成熟的水果。

科學原理 更性水果可以自行觸發成熟，當它們達到成熟階段，水果中的基因就會啟動，產出並釋放乙烯氣體。更性水果含有和乙烯氣體結合的接收器，會發起一系列複雜的生理過程，走向成熟，香蕉就是如此發揮作用，蘋果和番茄也是。有些水果也對乙烯氣體非常敏感，包括檸檬、萊姆、芒果、梨、水蜜桃、酪梨，這些水果放在彼此附近時，就會熟得特別快。

控制及製造乙烯氣體對農產品製造業來說是重要過程，經長途運輸後，乙烯氣體可用於幫助水果熟成。一般來說，農夫會在水果未熟時採摘，才能在倉庫裡儲藏，並在運輸後仍完好不腐壞。儲藏或運輸過程中，這些水果會與乙烯脫除器及吸收器放在一起，預防過早成熟。未成熟水果抵達目的地，陳列於貨架上前，便將合成乙烯噴灑於水果上加快熟成。古時候催熟水果的方法也仰賴乙烯，即使當時並未了解乙烯就是造成影響的化學物質，但以前的農夫及收割者會把切開的水果放在一起，或在放水果的房間裡焚香催熟。後來研究發現，切開的水果可刺激製造乙烯，而焚香產生的微量氣體，就是燃燒的副產品。

你可以這樣做 催熟的方法是將香蕉和未熟的水果放於褐色紙袋中，留住並集中釋放乙烯氣體，即可加速熟成一至兩天。

Q79 罐頭或冷凍蔬果的營養價值，比新鮮蔬果低嗎？

| A |　不一定，有時反而更營養。

科學原理　蔬果在最新鮮時採收，營養價值最高。但是，從蔬果採收到出貨，再運輸到市場，最後被食用的這段過程中，會流失大量營養價值。因為蔬果仍有生命力，並持續代謝內部的養分，而罐裝或冷凍蔬果反而能保留其營養價值。罐裝會使蔬果中可降低營養價值的天然酵素失去活性，如同將加熱食品置於密封玻璃罐或金屬容器中，冷凍產品亦是相同道理。

你可以這樣做　蔬果中的營養成分本來就會流失，除非在田野間趁新鮮食用。有時冷凍或罐裝蔬果會比存放過久的天然食品更有營養價值，如果沒有新鮮食材可用，罐頭也是很好的選擇。

蔬果中的營養成分本來就會流失，
除非在田野間趁新鮮食用。

Q80　蔬果的營養價值會在烹煮時流失嗎？

｜A｜　不一定，有時反而會因烹煮而強化營養素。

科學原理　烹飪時會加熱蔬果，但許多營養素對熱非常敏感，舉例來說，維生素遇到熱及氧氣時，容易流失養分。烹煮食物的方式也會影響蔬果的營養價值，如維生素 B、C 或礦物質，這些水溶性營養素被烹煮時就容易被溶出。其他像是維生素 A、D、E、K，屬脂溶性營養素，炒或炸時就會溶於食用油中，用炸而非煮時，Omega-3 脂肪酸更容易劣化。不過，蒸煮時的熱能較適中，可以保留大多數蔬果中對熱敏感的維生素，比其他烹飪方式更好。

同時，烹煮也可以幫助分解蔬果中的纖維，讓某些營養素的生物利用度更高。我們鮮少或不太會直接生食澱粉含量高的蔬果，如馬鈴薯等，因為內含的澱粉被困於植物細胞壁中，除非被煮過，否則無法被消化系統吸收。某些營養素在煮過後會變得更容易被吸收，如抗氧化劑 β- 胡蘿蔔素及番茄紅素，胡蘿蔔及番茄就是因為這兩種營養素，呈現橘色及紅色。

你可以這樣做　烹飪對營養成分及蔬果品質的影響相當複雜，烹煮過的食物是否比生食更好或更壞，並沒有確切答案。雖然某些營養素會被分解，但也有經烹煮後反而更強化的營養素。

Q₈₁ 為什麼吃鳳梨時,舌頭會刺刺的?

| A | 因為內含的鳳梨酶會在咀嚼時和舌頭發生作用。

科學原理 鳳梨含有鳳梨酶,是一種酵素,會將水果內的蛋白質分子切為更小碎片。當鳳梨碰到你的嘴及舌頭時,鳳梨酶會在蛋白質表面發生反應,開始慢慢地消化它們。當你開始咀嚼後,鳳梨酶最終會在舌頭上製造微小的開口,鳳梨中的酸就會與其發生反應,產生刺痛感。不過,這一連串反應只會發生在吃新鮮鳳梨時,因為烹煮或罐頭鳳梨中的鳳梨酶都已失去活性。

木瓜也含有類似的蛋白消化酶,但不會產生一樣的刺痛感,因為木瓜的酸鹼值為中性。

你可以這樣做 如果你不喜歡刺痛感,但又喜歡吃新鮮鳳梨而非罐頭鳳梨時,不妨試試看炙烤、烘烤或用平底鍋煎鳳梨切片。這些烹煮方法都可以使鳳梨酶失效,讓其中的糖焦糖化。或者,你也可以微波新鮮鳳梨 3 至 5 分鐘,預防發生刺痛感。

Q 82 　辣椒為什麼會辣？

| A | 因為含辣椒素，會產生辣感。

科學原理　辣椒含有一種會產生熱度的分子，也就是辣椒素類物質。辣椒素及它的相似分子二氫辣椒素，是辣度最高的分子，辣椒中很大一部分辣感源自於辣椒素。辣與熱的感受是依據史高維爾指標（Scoville scale，稱為史高維爾辣度單位 SHU）主觀判斷，純辣椒素及二氫辣椒素均高達 160 億史高維爾。這些分子都是脂溶性化合物，與名為 TRPV1 的接收器及嘴巴、鼻子、眼睛中的感覺神經元相互反應。辣椒素及辣椒素類物質有精確的分子結構，可與 TRPV1 接收器穩定結合，使神經元傳送訊號給大腦，模擬出痛感，以回憶這種強烈的熱度或損耗。

順帶一提，哺乳類動物消化辣椒時，其經驗的痛感及熱感似乎成為進化中的一件怪事，鳥類也有 TRPV1 受器，但不具相同的神經傳導路徑。人類似乎是唯一喜歡以食用辣椒獲取熱能的哺乳類，對某些人來說，消化極

> 對某些人來說，消化極辣的辣椒素
> 可以誘發興奮及愉悅感。

辣的辣椒素可以誘發興奮及愉悅感,並透過名為享樂逆轉的機制來回應辣感。賓州大學心理學教授保羅·羅辛(Paul Rozin)研究人類與辣、苦或噁心食物間的關係時,發現隨著時間推移,當吃下看似不討喜的食物時,儘管身體會對這種食物產生負面反應,但文化教養及社會壓力會製造出一種受虐式的歡愉。

你可以這樣做　一般認為種子就是辣椒中最辣的部分,但這並非事實。辣椒素最密集的地方是圍繞在辣椒籽附近的髓,如果你想降低辣度,就得將這個部位移除。但手持辣椒時,要小心不要碰到眼睛或鼻子,因為辣椒素會和黏膜中的痛感接受器連結,讓你非常不舒服。

Q83 被辣椒辣到時,可以做什麼來減輕辣感?

│ A │ 可以喝含糖的飲品,如果汁或汽水。

科學原理　加州大學戴維斯分校的研究者曾進行研究,以找出停止辣感的最有效方式。由於辣椒素可溶於脂肪,因此他們認為,如果和含有脂肪的液體一起消化,或用溶脂性液體漱口都有用,如酒精。但結果證實,用酒精漱口的效果跟水一樣,意味著這並非解辣方法。全脂牛奶確實可以減緩辣感,且也含脂肪,但並不會更有效。令人訝異的是,研究者發現減緩辣感燃燒的最有效方法,是用冰糖水漱口,雖然有效的原因是什麼尚不清

楚，但研究者猜測，糖可能對大腦的神經會造成干擾，中斷辣椒造成的熱感與痛感。

你可以這樣做 如果你不小心咬到很辣的辣椒，被辣感淹沒，快喝一杯冰的果汁或汽水，牛奶也有用，但含糖飲料會更有效。如果你不小心讓辣椒素進入眼睛或鼻子，用牛奶或糖水沖洗，可止住燃燒感。

Q₈₄ 切洋蔥時，為什麼會流眼淚？

│ A │ 因為內含具催淚作用的酵素，會讓人流淚。

科學原理 洋蔥已經進化出特別的防禦系統，用來預防在野外時被動物食用。咀嚼、切片或碰傷洋蔥時，細胞壁會分解並釋放其獨有的兩種酵素及一種酸。

第一種酵素是蒜胺酸酶，是以生物化學角度將胺基酸分成兩半，產出名為次磺酸的化合物，也是大蒜、洋蔥、紅蔥、大蔥、韭菜及其他蔥屬類植物中，辛辣、硫磺味的來源。但第二種名為催淚因子合成酶的酵素，與大蒜或大蔥不同，它可以很快將香味分子轉為另一種化學物質，科學家稱為催淚因子，就是切洋蔥時讓眼睛湧出淚水的化學元素。而你或許也知道，這些酵素會迅速發揮作用。1分鐘內，99％胺基酸就會立刻轉為瞬間爆發的催淚因子，讓你馬上去找衛生紙。

你可以這樣做　如果你不是熱愛在砧板前流淚的人，不妨試試這個洋蔥破解法：將洋蔥對半切，微波 2 至 3 分鐘後放入冷藏，直到摸起來是冰的，然後切碎或剁碎。完成後，將一瓣大蒜切碎，與洋蔥混合後再加入一湯匙水，靜置 5 分鐘。微波時的熱能會降低洋蔥酵素的活性，也會減少香氣酵素，但與大蒜、水混合後可以重新帶回香氣酵素。

洋蔥與眼淚背後的生物化學

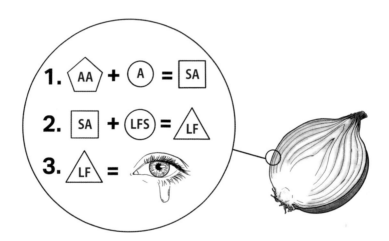

洋蔥被切片或剁碎時，蒜胺酸酶（A）會分解為洋蔥基底的胺基酸（AA），形成次磺酸（SA）。催淚的催淚因子合成酶（LFS）轉換為催淚因子（LF），進入眼睛時會完全揮發且極具刺激性，讓你眼淚流不停。

Q85 黃洋蔥、紅洋蔥、白洋蔥，真的有差別嗎？

| A | 有，因為內含的化合物成分均不同，
會影響口感及風味。

科學原理 洋蔥是蔥屬植物，這類植物中也包括辛辣感相似的蔬菜，如大蒜、韭菜、大蔥、紅蔥。蔥屬植物很獨特，具有奠基於化學之上的防禦系統，可以抵禦動物及害蟲。當蔥屬植物的組織受到傷害，名為蒜胺酸酶的酵素就會釋放硫化合物（次磺酸），也就是生吃蔥屬植物時的獨特味道。蔥屬植物啟動儲存於組織中的胺基酸，即半胱氨酸亞碸，不過，每一種蔥屬蔬菜所含的半胱氨酸亞碸組合及數量都不同。洋蔥有獨特的化學系統，比其他蔥屬植物更進步。洋蔥受傷時，細胞會釋放出蒜胺酸酶，與其獨有的半胱氨酸亞碸發生反應，形成洋蔥特有的次磺酸。次磺酸是由第二種名為催淚因子合成酶的酵素轉變而來，成為我們所知的催淚因子，讓你的眼睛在洋蔥切碎、切片時迅速充滿淚水。

白洋蔥含有大量催淚因子及其特有的半胱氨酸亞碸，所以帶有強烈刺激及辛辣感。黃洋蔥及紅洋蔥被培育為半胱氨酸亞碸含量較少的品種，也就是催淚因子的前身。黃色甜洋蔥及維達利亞洋蔥所含的蒜胺酸酶更少，所以這類洋蔥被切片時，產生的次磺酸及催淚因子也很少，就不容易流眼淚，甜味也更高。

你可以這樣做 不同洋蔥種類會以不同方式培育，最終影響其生物化學及產生的獨特風味輪廓。白洋蔥有更強烈的刺激性及洋蔥味；紅洋蔥及黃

洋蔥味道溫和；而維達利亞洋蔥、茂宜洋蔥及其他甜洋蔥品種，在培育時就已大幅減低辛辣味。因此，不妨依據你喜歡的風味及辛辣感，來選擇洋蔥吧！

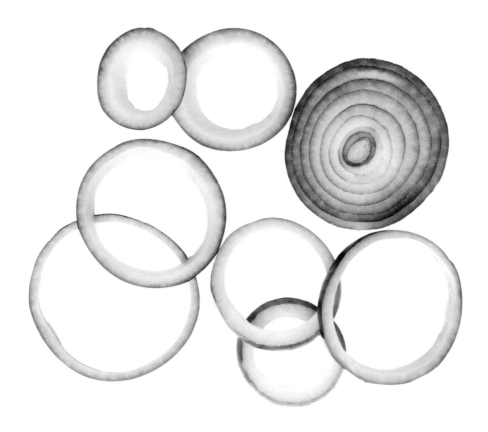

Q86 大蒜和洋蔥
如何傳遞風味給食物？

│ A │ **透過內含的特殊胺基酸種類觸發反應，製造香氣及風味。**

科學原理 　大蒜及洋蔥含有特殊的胺基酸，也就是半胱氨酸亞碸，能以各種方式傳遞風味。首先，洋蔥或蒜瓣被切開時，其獨特的胺基酸會釋放次磺酸，經過進一步地轉換，就成為我們熟知的洋蔥及大蒜香氣。其次，當暴露於熱能中時，半胱氨酸亞碸將會和大蒜、洋蔥中的糖發生反應，觸發梅納反應，製造出含硫的香氣及風味分子，類似肉類餐點中的味道（將整顆大蒜置於攝氏 60 度的環境中，熟成四週後，經過梅納反應的香氣會特別濃厚）。

　最後，如果半胱氨酸亞　與產生鮮味的化合物結合，如麩胺酸鈉、肉苷酸二鈉、鳥苷酸二鈉（存於鰻魚、魚露、醬油、香菇、番茄醬、酵母萃取、帕馬森起司、肉製高湯等食材中），可以增強鮮味，延長香氣的時間，這種口味特性就是我們說的「濃厚味」（關於更多濃厚味的介紹，請參考 p.67 的內容）。

你可以這樣做 　不同的化學作用會如何啟動，取決於大蒜及洋蔥是生的還是被煮過，但不管哪種方式，它們都扮演點亮美味及鮮味的角色，增加菜餚的層次。

Q 87 切大蒜的方式，會影響其在餐點中的強烈風味嗎？

| A | 會，大蒜越碎，風味越強烈。

科學原理 大蒜含有蒜胺酸酶，與胺基酸（半胱氨酸亞碸）作用後釋放硫分子，即蒜頭素，這是切開或打碎大蒜組織時，其主要散發的香氣分子。這些胺基酸只會存於蒜屬蔬菜中，如大蒜、紅蒜、韭菜、洋蔥。一般來說，這種酵素與半胱氨酸亞碸都存於獨立隔間中，一旦細胞被破壞，這些成分就會混合並產出蒜頭素，細胞被破壞得越多，被釋放的香氣也會越多。切片大蒜產生的蒜頭素分子，比切碎的大蒜少。如果想製造最大量的大蒜香氣，就要用研磨砵及研磨棒壓碎蒜瓣，幾乎可破壞所有細胞。

你可以這樣做 大蒜釋放的大蒜香氣強度，和其如何被切碎、碾碎的程度成正比，所以磨碎、切碎、壓碎大蒜時，會比切片時產出的香氣更多。

> ❝
> 如果想製造最大量的大蒜香氣，
> 就要用研磨砵及研磨棒壓碎蒜瓣。
> ❞

Q88 為什麼烹飪後大蒜的味道會變香醇，而不會變辣？

| **A** | 因為辣味來源的蒜頭素，在低溫時會不穩定且失效。

科學原理 大蒜產生香氣分子的原因是蒜頭素，大蒜組織被破壞或搗碎時就會產生硫分子。蒜頭素也是新鮮大蒜尖銳風味的主要因素，烹飪時會發生兩種化學反應，以封住這種刺激性的味道。首先，大蒜加熱於攝氏45度以上時，會導致蒜胺酸酶失去活性。其次，蒜頭素並不穩定，加熱至攝氏80度以上時就會分解為數百個硫分子，遠低於一般烹飪時使用的溫度。而剩下的風味分子由於缺乏蒜頭素的「刺激感」，於是煮過的大蒜味道就變溫和了。

辣椒的辛辣刺激味源於辣椒素，它是一種分子，隨著辣椒生長累積在其中，而不是長成後形成，即使在高溫下，辣椒素也可以從辣椒外皮溶出，傳遞辛辣味道至餐點中。此外，由於乾燥溫度遠低於辣椒素的分解溫度，因此乾燥後的辣椒仍含有高濃度辣椒素，也能有效傳遞辛辣味。

你可以這樣做 烹飪時，大蒜味會變得香醇，是因為主要香氣分子蒜頭素，會在相對低溫時變得不穩定且失效。此外，如果想分解辣椒中的辣椒素，就需要更高溫的環境，因為辣椒素是更穩定的分子。

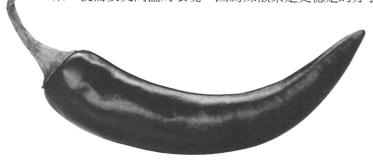

Q89 煮豆類時加入鹽或番茄，豆子會變硬嗎？

A 鹽能軟化豆類；但番茄含檸檬酸，反而會讓豆類變硬。

科學原理 根據《料理實驗室》（*The Food Lab*）作者傑・健治・羅培茲奧特所說，加鹽不會讓豆類硬到難以烹煮。事實上，他發現加鹽的豆類反而可以改善風味及口感。背後的原因是什麼呢？鎂及鈣離子是豆類堅硬外層中不可分割的部分，當豆類以鹽水浸泡或烹煮，鈉離子會開始移入豆類細胞中，取代部分鎂離子及鈣離子。這個過程會讓水更深地滲入豆類，讓水分分布得更均勻。結果就是讓浸泡或以鹽水烹煮的豆類，比清水浸泡或烹煮的豆類，味道更溫和、滑順。清水浸泡或烹煮的豆類會在烹煮過程中裂開，因為熱水會軟化豆類的外殼而導致破裂。

乾燥的豆類與番茄一起煮，反而會發生反效果。因為番茄含有大量檸檬酸，檸檬酸與鈣、鎂發生反應後會更緊密地連結，形成所謂的檸檬酸鹽沉澱物，極度難溶於水中。當乾燥豆類與番茄一起煮時，檸檬酸會讓豆類外殼變得不容易被水滲透，更難煮軟。

你可以這樣做 如果想預泡豆類，每 947 毫升水中要加入一湯匙鹽，烹煮前將其置於室溫浸泡 8 至 24 小時；或是在烹煮的水中加鹽也可以。無論何種方式，鹽都可以幫忙軟化豆類的外殼，得到更均勻柔軟的成品。如果食譜要求加入番茄，在豆類還沒完全煮好前，千萬不要加進去。

Q90 為什麼有些孩童和大人，會討厭生青花菜的味道？

| A | 因為對苦味敏感，
特別是孩童具有苦味受體，會更反感。

科學原理 青花菜屬於十字花科類蔬菜，而高麗菜、白花椰菜、芥菜也屬於同種類。這類植物大部分含有同樣的酵素，因此在蔬菜纖維被咀嚼、切斷、撕開時就會釋出酵素。接著，這些酵素和名為硫化葡萄糖苷的類糖化合物（也儲存於植物組織中）作用，製造出苦味化合物異構硫氰酸鹽，用來嚇跑咀嚼這類植物的昆蟲及植物。但是，這種天然的抵禦捕食功能只在生青花菜上有用，一旦酵素預熱時就會失效。

雖然大多數人覺得異構硫氰酸鹽有點苦，讓那些對苦味高度敏感的人，對生的十字花科蔬菜格外反感。這些人包括孩童，因為其有敏銳的苦味受體，能防止他們吃下有毒的食物；但隨著孩童長大進入青春期，這種敏銳度就會減輕。

你可以這樣做 當你的孩子告訴你，他們討厭青花菜時，或許是因為他們吃到的味道真的很噁心。試著把青花菜煮到外脆內軟，就可以讓製造苦味的酵素失效。但小心別煮過頭，以免產生不同的苦味分子。

Q91 白蘆筍和綠蘆筍的不同之處有哪些？

A 種植方式及風味都不同。

科學原理 我們所知的蘆筍其實是蕨類的嫩枝，如果蕨類成熟，莖就會變得像木頭，有苦味且不可食用。綠蘆筍需種於有日曬的地方，才能進行光合作用。白蘆筍則是用土覆蓋幼枝，防止暴露於陽光下。於是，嫩枝失去葉綠素（綠色），突顯出更甜的味道，而非我們熟悉的草味。還有一種蘆筍是紫蘆筍，這是在義大利發明的特殊品種，比起綠蘆筍、白蘆筍，它含有更多糖、纖維很少。與綠蘆筍的青草味及白蘆筍溫和且奶油般的風味相比，紫蘆筍更甜，且帶有堅果風味。

你可以這樣做 如果想去除蘆筍嫩枝上較硬的那端，只要折下莖根部的1/3即可。白蘆筍烹煮前必須去皮，除去較苦的外層，而綠蘆筍或紫蘆筍則可直接享用，也可去皮以增加嫩度。

Q92 用冷水或熱水煮馬鈴薯，真的有差嗎？

| A | 有，放在冷水中煮，馬鈴薯會更鬆軟。

科學原理　馬鈴薯含有一種名為果膠甲酯酶的酵素，它與果膠（馬鈴薯細胞壁的主要成分）相互作用，可確保烹煮時細胞的穩固。這種酵素的最適溫度為攝氏 60 度，因此當馬鈴薯被放在冷水中煮時，水溫慢慢上升，便有足夠時間待在最適溫度中，煮出完美鬆軟而不鬆散的口感。換句話說，馬鈴薯直接放入滾水中時，酵素會立即失效，結果就是得到更糊的馬鈴薯。從冷水開始煮馬鈴薯，可以讓熱能慢慢地傳遞至整顆馬鈴薯內，幫助澱粉均勻地糊化；從熱水開始煮，則會導致熱能分布及口感不均勻。

你可以這樣做　為了煮出口感均勻的馬鈴薯，請放入冷水中烹煮，就能得到鬆軟而不鬆散的馬鈴薯。

$\underset{93}{Q}$ 以烤、壓泥、油炸等方式烹調馬鈴薯時，品種會造成差異嗎？

| A | 會，每一種馬鈴薯所適合的烹調法都不同。

科學原理 馬鈴薯有很多不同品種，每一種都有獨特的生化性及成分，會影響質地、風味及口感。從最簡單的角度來看，烹煮馬鈴薯塊時，會發生兩種狀況，即破碎或保持完整，視馬鈴薯的澱粉種類及含水量而定。因此，馬鈴薯可分為三種：澱粉型、蠟質型、多用途型。

澱粉型馬鈴薯包括褐皮馬鈴薯、愛達荷馬鈴薯，及大多數薯芋屬植物及番茄，皆為低水分、高澱粉。加熱時，澱粉細胞就會膨脹並分離。烘烤馬鈴薯時，其質地較乾且蓬鬆，搗成泥狀時會變成蓬鬆的奶油狀，而炸成薯條時會變成酥脆的薄片。

蠟質型馬鈴薯包括紅色極樂、奶油馬鈴薯、小魚馬鈴薯，含豐富的糖與水分，但澱粉含量低。這種馬鈴薯的澱粉細胞比澱粉型更鬆散，烹煮時不會分離；因此，烹煮時可以維持原本的形狀。烘烤蠟質型馬鈴薯時，可以

> **烘烤時，蠟質型馬鈴薯可以維持固狀，不會像澱粉型馬鈴薯般鬆散。**

維持固狀，不會像澱粉型馬鈴薯般鬆散，但不是適合炸的品種，因為含水量高，會製作出鬆軟、出水的成品，再加上這種馬鈴薯的糖分量也比其他馬鈴薯高，褐化得更快。育空黃金屬於多用途型馬鈴薯，澱粉含量適中，介於澱粉型及蠟質型間，適用於各種烹煮方式。

你可以這樣做 澱粉型馬鈴薯質地蓬鬆且呈片狀，如果你喜歡清爽且蓬鬆的口感，它是炸薯條、烤馬鈴薯、馬鈴薯泥的首選。如果你希望馬鈴薯能在沙拉中維持形狀，且偏好搗碎而非泥狀，蠟質型馬鈴薯會是最佳選擇。

Q₉₄ 爆米花為什麼會爆開？

| A | 因為經加熱後在內部形成壓力，最後就會爆開。

科學原理 玉米粒是玉米的果實，穀粒有堅硬的外殼，可以保護密度高、含澱粉的內部。爆米花是一種早期培育的特定玉米品種，被培育為含有適當比例的軟、硬澱粉顆粒，因此能在被加熱時爆開。

但穀粒到底如何爆開呢？當乾燥的爆米花穀粒被加熱，在充滿澱粉的內部形成蒸氣，在這個階段，爆米花穀粒外殼的硬度很重要——即把蒸氣鎖在內部並形成壓力，導致澱粉軟化與膠化（正確地說，爆米花外殼足夠堅硬，能承受比大氣壓力強九至十倍的壓力，可耐攝氏 180 度的高溫）。

最後，穀粒的外殼爆裂，膠化的澱粉伴隨快速逃脫的蒸氣爆出，產出輕盈、空氣般的泡沫，也就是我們所知的爆米花。目前許多農產品業不斷開發及改良製造過程，因此能產出更好吃的爆米花，殘留的未爆穀粒更少。奧維爾·雷登巴赫（Orville Redenbacher）原本是農業科學家，在選定及改良爆米花前，曾花數年嘗試數千種爆米花，到 1970 年代時，終於讓他掌握了大多數的爆米花市場。

你可以這樣做　洛杉磯 Sqirl 餐廳的主廚兼老闆潔西卡·科斯洛（Jessica Koslow）建議，為了使爆米花外殼更酥脆，應加入高比例的油脂（即每 1/3 杯爆米花穀粒，加入 1/2 杯油）。用來爆爆米花的油應該要有較高的發煙點（葡萄籽油、酪梨油、葵花油、芥花油、玉米油都是好選擇），因為穀粒要在至少攝氏 180 度下才能爆開。

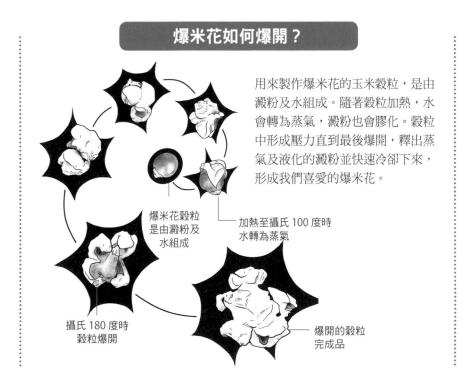

爆米花如何爆開？

用來製作爆米花的玉米穀粒，是由澱粉及水組成。隨著穀粒加熱，水會轉為蒸氣，澱粉也會膠化。穀粒中形成壓力直到最後爆開，釋出蒸氣及液化的澱粉並快速冷卻下來，形成我們喜愛的爆米花。

爆米花穀粒是由澱粉及水組成

加熱至攝氏 100 度時水轉為蒸氣

攝氏 180 度時穀粒爆開

爆開的穀粒完成品

Q₉₅　蘑菇香醇的風味從何而來？

| A |　**因含有鳥苷酸，能帶出濃郁香氣及風味。**

科學原理　儘管地球上大約有三百種可食用蘑菇種類，但只有三十種可被人類培育，並有十種能以商業化規模種植。被廣泛生產及實用的蘑菇是草菇、椎茸蘑菇、秀珍菇。蘑菇含有鳥苷酸，是一種可引出美味及鮮味的核糖核苷酸，在成熟或乾燥後的蘑菇中濃度更高。有些蘑菇種類含有更高濃度的鳥苷酸，帶有更濃郁、美味的風味。

草菇或白蘑菇稍成熟時，會以褐色蘑菇或小貝拉之名販賣，在更大且完全成熟時，就以波特菇之名出售，這些都屬於雙孢蘑菇。白草菇有柔軟、奶油般的質地，失去水分後會變硬且充滿風味，成熟後就成為褐色蘑菇或波特菇。

椎茸蘑菇有似肉的質地，與波特菇相似。烹煮時會有煙燻、似泥土的風味，某種程度上歸功於硫化合物香菇香精。乾燥的椎茸蘑菇中富含鳥苷酸，這是強化餐點鮮味的最佳選項。不像其他蘑菇，椎茸蘑菇含多醣香菇香精，如果生食或沒煮熟，少數人會發生罕見過敏反應，即鞭毛蟲皮膚炎。當蘑菇完全煮熟時，香菇香精的含量就會降低，不會產生影響。

秀珍菇（鮑魚菇）有柔軟好吃的莖和絲絨般的菌蓋，因其在菜餚中的細膩質地而備受喜愛，也會製造出香味化合物苯甲醛，帶有淡淡的茴香氣味及味道。秀珍菇的鳥苷酸含量只有椎茸蘑菇的 1/15。

你可以這樣做 如果想引出蘑菇中可帶出鮮味的鳥苷酸，但又不想真的把蘑菇加進菜餚中時，可用食物處理機把乾燥的椎茸蘑菇磨碎，直到產生精細的粉末，然後將這些粉抹拌進湯、燉物或醬料中；先加一湯匙試看看，不夠再加多一點，直到產生鮮味。

> 蘑菇含有鳥苷酸，是一種可引出
> 美味及鮮味的核糖核苷酸。

CHAPTER 6

烘焙 & 甜點
Baking and Sweets

烘焙是具有挑戰性的過程，尤其當你首次接觸時，食譜上任何微小的變動，都可能讓成品變成硬如磚塊的麵團或扁平的圓盤，而非口感軟嫩的蛋糕。小蘇打稍微少了些或糖多加了一點，都可能破壞烘焙時需發生的化學平衡，導致成品失敗。在這一章裡，我們將探索烘焙背後的化學原理，幫助你從中找出解答，做出可口的糕點。

Q96 什麼是麩質？

| A | 一種蛋白質，
會在小麥穀蛋白、穀膠蛋白與水混合後形成。

科學原理 麩質是一種澱粉網絡，會在內含的小麥穀蛋白及穀膠蛋白（屬於蛋白質的一種，存於小麥、黑麥、斯卑爾脫小麥與其他幾種穀物中）與水混合時形成。當這些蛋白質被加入水後，會馬上和雙硫鍵結合，組成蛋白質股。接著，降解蛋白質的酵素稱為蛋白酶，會切斷部分蛋白股，重新排列為更小的線性蛋白質鏈。更小的蛋白質鏈會與其他蛋白質股組成更多雙硫鍵，製造更複雜的網絡。小麥穀蛋白提供彈力及韌度於網絡；穀膠蛋白則提供黏性給麵團。有力道地混合及揉捏，可以讓穀膠蛋白持續發展，直到麵團變得滑順又有彈性。

對某些烘焙食品來說，小麥穀蛋白能形成非常合適的效果，例如手工酵母麵包，有彈性的網絡可以提供強健的架構，抓住酵母製造的二氧化碳泡沫，最終產出美味有嚼勁的口感及有孔洞的成品。具有柔軟、精緻內部的烘焙食品，如杯子蛋糕、英式小餅乾，製作時只需讓麵糊或麵團混合在一起，便會在更短時間內混合成分，最小化小麥穀蛋白的效果。

並不是所有麵團都含有小麥穀蛋白及穀膠蛋白，含有這兩種蛋白的麵粉，所含有的比例也不同（如小麥麵粉）。小麥麵粉中的小麥穀蛋白及穀膠蛋白含量高，常被當作高麩質麵粉或麵包用麵粉販賣。通用麵包中，由麩質組成的蛋白質比例較少，糕餅麵粉則更少。

你可以這樣做 小麥麵粉（與其他幾種穀類麵粉也是）含有兩種蛋白質：小麥穀蛋白及穀膠蛋白，與水混合後就會形成麩質。麩質網絡為烘焙食品建立架構，而這些網絡的強度可由你使用的麵粉種類，以及混合麵糊或麵團的力道來掌控。以軟嫩為目標的烘焙食品，可使用通用麵粉或糕餅麵粉（兩者形成麩質的蛋白質比例較少），並以最小力度混合，因為麩質過度發展會讓蛋糕或餅乾過硬。如果希望酵母麵包有酥脆、嚼勁的外皮，且內部帶有孔洞，就要用高麩質或麵包用麵粉，充分揉捏、混合麵團。

麩質如何形成？

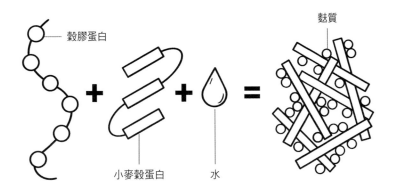

穀膠蛋白

小麥穀蛋白

水

麩質

穀膠蛋白與小麥穀蛋白，是小麥中的天然蛋白質。加入水時，就會互相鏈結形成麩質，並組成蛋白質鏈的複雜網絡。

Q97 酵母在烘焙時如何發揮作用？

| A | 在麵團內吸收糖分後開始運作，使麵團長大。

科學原理 一般最常用於烘焙的酵母是啤酒酵母菌，是一種真菌。當麵粉、水、酵母混合後，一種在麵粉中的澱粉酶會分解澱粉為糖（麥芽糖、葡萄糖），酵母就開始吸收糖，產出酒精（乙醇）及二氧化碳等廢棄物。混合時，二氧化碳會填入製造麵團時的小泡泡裡，麩質網絡的彈性會穩定這些膨脹的泡泡，最後，麵團會隨著酵母持續吸收單醣，及製造更多二氧化碳而持續膨脹。

二氧化碳在過程中也會溶於麵團的水，並形成碳酸，透過溶解二氧化碳於水中，而碳化也是一樣的過程。烘烤麵團時，碳酸分解與釋出二氧化碳氣體；同時，麵團中的水轉為蒸氣，在溫暖的烤箱中，酵母會進行最後一次瘋狂吸收過程。這就是我們所知的爐內膨脹，即麵團在烤箱中快速長大，直到酵母最後被逐漸升起的高溫殺死，麩質網絡便固化了。

你可以這樣做 酵母是一種活性有機體，如果暴露於攝氏 49 度以上就會死亡，而低溫則會讓它們怠惰。要確認你的酵母是否還活著，可以混合一些溫水（攝氏 43 度左右）和一點糖，快速啟動它的活動力。5 分鐘後，你應該可以看到混合物開始起泡，如果沒有看到任何反應，表示需要使用新酵母了。

酵母如何讓麵團長大？

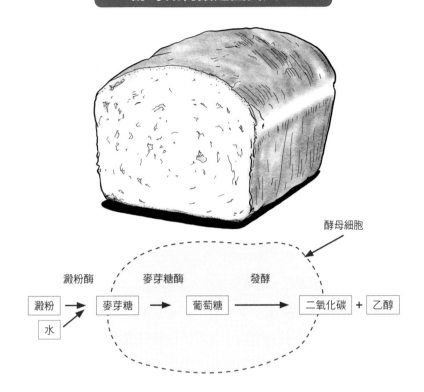

當小麥粉與水、酵母混合，澱粉酶會破壞麵粉的澱粉成為麥芽糖，為酵母細胞供給燃料。之後產出乙醇，及對麵包來說最重要的二氧化碳，使麵團長大。

Q₉₈ 為什麼有些麵包口感柔軟，有些則有嚼勁？

| A | 因為蛋白質含量，及鹽、糖、脂肪的比例不同所致。

科學原理　無論麵包是柔軟還是有嚼勁，都取決於麵粉中的麩質蛋白質。麵包的嚼勁是麵粉與水混合時，有彈性的麩質網絡特性組成；麵包越有嚼勁，表示麵包中的麩質網絡發展得越完整。含有較高比例的麩質組成蛋白質的麵粉（如麵包用麵粉），通常用於手作鄉村麵包或法式長棍麵包，而通用麵粉（蛋白質的比例較低）則適合製作柔軟的三明治麵包，形成柔軟的麵包內部及外皮。雖然要形成麩質網絡時，水合作用必不可少，有力的揉捏也能推動這個過程，能將氧氣加入麩質網絡，加速小麥穀蛋白及穀膠蛋白分解，及雙硫鍵與鄰近蛋白質的形成。其他因素也會影響麩質網絡形成，例如鹽的存在就會幫助小麥穀蛋白及穀膠蛋白緊密結合，產出更穩固的網絡。反之，加入糖和脂肪則會阻礙麩質網絡形成；糖會鏈結水，去除麩質網絡所需的水分。當加入糖、脂肪進發酵麵團時，就可能做出柔軟、口感豐富的麵包，如布里歐、哈拉麵包。

麵包的嚼勁，
是由有彈性的麩質網絡特性組成。

影響麵包嚼勁的因素，是麵粉中的蛋白質含量，以及鹽、糖、脂肪的存在。改變這些成分的比例，就能改變麵包呈現的方式。

Q99 免揉麵包背後的科學原理是什麼？

│ A │ 透過讓麵團靜置以取代手揉過程，最後在高濕度環境內烘烤而成。

科學原理 紐約蘇利文街烘焙坊（Sullivan Street Bakery）的店主吉姆・拉赫（Jim Lahey）發明了免揉麵包的技術，2006 年美食評論家馬克・比特曼（Mark Bittman）於《紐約時報》（*New York Times*）分享他對免揉麵包的驚喜後，這種烘焙方式開始大受歡迎。簡單來說，免揉麵包的作法是混合麵粉、酵母、水、鹽於碗中，讓麵團靜置整晚，然後放進極高溫的荷蘭鍋裡烘烤。成品是有酥脆外皮的麵包，比一般麵團需要充分發展麩質，但不太需要揉合。反之，免揉麵包仰賴水分、酵母與時間，才能產生強韌的麩質網絡。初步混合麵團是要啟動麩質發展與發酵，靜置 12 至 18 小時發酵，麵團成為活動的溫床，小麥穀蛋白、穀膠蛋白與麩質鏈結，接著降解蛋白質的酵素蛋白酶咀嚼麩質股，變成更小的碎片，然後重新結合、壯大麩質網絡。酵母也忙於吸收麵粉中的糖，及產出二氧化碳。二氧化碳氣泡在麵團中製造足夠的活動，成為「微揉」麵團。

免揉麵包成功的關鍵是，須置於熱烤箱中，用有蓋且預熱的鑄鐵荷蘭鍋烘烤。鑄鐵鍋有儲存大量熱能的能力，當麵團被放在預熱的鍋內，鍋蓋也蓋著時，這個小空間會困住水分，創造高濕度的環境，這就是發展美味、柔軟內餡與嚼勁外皮的關鍵。高濕度會延緩外皮形成，使加熱時麵團中氣體存在的時間更長，製造出我們非常喜愛的手工麵包孔隙。麵團膨脹的同時，澱粉也開始吸收水分及膠化，最後凝固成酥脆、有嚼勁的外皮。

你可以這樣做　試試看吧！用 3 杯半通用麵粉、1/2 匙速發酵母、1 匙半鹽、1 又 3/4 杯水混合為麵團，用無毒保鮮膜蓋住麵團，置於室溫下 12 至 18 小時後，將麵團移到灑滿麵粉的工作台上，對折麵團數次，直到摸起來不黏即可。再來將麵團塑形為圓條狀，縫隙朝下，再次以無毒保鮮膜蓋住後靜置 1 小時。30 分鐘後，將有蓋的荷蘭鍋置於攝氏 230 度的烤箱中，預熱 30 分鐘後，將荷蘭鍋拿出烤箱，蓋子打開，小心地將麵團放進去，有縫隙面朝上（小心燙手），並馬上將蓋子蓋上，烘烤 30 分鐘，直到麵包表皮形成漂亮的棕色外皮後打開蓋子，再烤 20 至 30 分後，小心地將麵包拿出鍋外（用夾子），放在金屬網架上冷卻後再切片。

免揉麵包成功的關鍵是，
須置於熱烤箱中，用有蓋且預熱的
鑄鐵荷蘭鍋烘烤。

Q100 為什麼麵包不新鮮時會變硬；餅乾和蘇打餅卻會變軟？

| A | 水分移動所致，但因成分不同，故結果也不相同。

科學原理 用來製作烘焙食品的麵粉，內含的澱粉通常被困於又小又硬的顆粒中。當麵粉與水混合成為麵團並烘烤時，這些顆粒會爆開，並釋放吸飽水分而擴張的澱粉。

烘焙食品放久了，裡面的水分會開始游移，從高含水處移向低含水處，試圖建立內部與外在的平衡。以麵包為例，麵包中澱粉的水分會移向較乾的外皮，蒸發到空間裡。隨著這些澱粉失去水分，它們的主要成分多醣直鏈澱粉及支鏈澱粉，重新排列為原本緊實的結構，變成堅硬的質地，並從麵包中排出更多水分，就變成又硬又不新鮮的一塊麵包。

餅乾及蘇打餅中的澱粉也是一樣的移動過程，水分從含量高的地方移到低水分處，造成澱粉硬化。但是，餅乾含有大量糖分，而蘇打餅乾含有大量鹽。糖和鹽都有吸濕特性，意味著它們善於吸收空氣中的水分。因此，比起蒸發作用失去的水分，餅乾及蘇打餅會吸收更多水分，增加的水分抵消了澱粉變硬的影響，最後成為軟化的餅乾。

你可以這樣做 將不新鮮的餅乾和一片麵包，一起放在塑膠袋裡就可以復活。水分會慢慢地從餅乾移向麵包，餅乾就能恢復酥脆。

為什麼不新鮮時，麵包會變硬而蘇打餅會變軟？

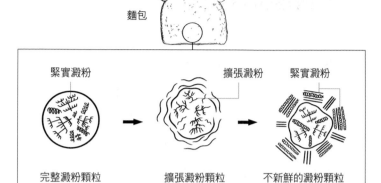

麵包

緊實澱粉　　　　　　　擴張澱粉　　　緊實澱粉

完整澱粉顆粒　　　　擴張澱粉顆粒　　不新鮮的澱粉顆粒

生麵粉裡的澱粉通常會緊密地包在顆粒中，烤成麵包、蘇打餅或餅乾時，這些顆粒會裂開，隨著澱粉分子從麵團中吸收水分，會擴張得更大。當變得不新鮮時，澱粉會釋出水分；麵包的水分會透過外皮蒸發，澱粉恢復原本的緊密形式，因此麵包變硬。蘇打餅和餅乾相較於麵包來說，含有相當大量的糖和鹽，兩者都會吸收水分，蒸發效果就被抵消，導致軟化。

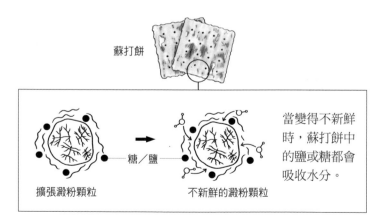

蘇打餅

擴張澱粉顆粒　　　糖／鹽　　　不新鮮的澱粉顆粒

當變得不新鮮時，蘇打餅中的鹽或糖都會吸收水分。

Q101 小蘇打和泡打粉有何不同？

| A | 小蘇打為鹼性且不含酸，
但泡打粉兩者都有，適用性較高。

科學原理 小蘇打是一種鹼，也就是碳酸氫鈉，加熱至攝氏 80 度時會釋出二氧化碳，或與酸混合後，可以幫助麵團、麵糊在烤箱中膨脹。儘管單純加熱已足夠觸發一些反應，但鹼與酸性成分（如乳酪或優格）結合時，小蘇打的發酵特性才會真正發揮活性。此外，添加酸性成分能中和小蘇打的金屬味。小蘇打最大的特色是作用速度快，用於夠厚的麵團及麵糊中，可以困住或抑制二氧化碳泡泡，以防結構有損。

因為小蘇打的快速作用特性，目前已找出更穩定的選項，這就是泡打粉的由來。泡打粉混合了碳酸氫鈉（小蘇打）與固態酸，即硫酸銨、明礬（硫酸鋁鈉）、酒石（酒石酸）或骨粉（磷酸二氫鈣）。概念是麵糊或麵團與水發生化合反應時，碳酸氫鈉初次與酸起反應，加熱時再次與酸發生反應，每次釋出二氧化碳泡泡時，就使麵團變得輕盈，幫助麵團在烤箱中膨脹。依重量來說，泡打粉的發酵強度只有小蘇打的 1/3 至 1/4，有時食譜會要求同時加入小蘇打及泡打粉，以增強發酵力度。因為小蘇打被加熱時會分解為碳酸鈉，增加烘焙品的鹼度，加速備受喜愛的梅納反應，產出漂亮的褐色與香氣。

你可以這樣做 小蘇打可以成為泡打粉的替代品，前提是麵糊中有其他的酸性成分（優格、奶酪、檸檬汁、酒石等）。小蘇打的發酵力度是泡打

粉的三至四倍，如果改用小蘇打替代，只需加入食譜上所寫泡打粉分量的1/3 至 1/4。儘管如此仍要小心，因為加入太多小蘇打時，可能會使烘焙成品充滿化學味。

Q_{102} 做蛋糕時，要用低筋麵粉嗎？

| A | 如果食譜要求就該用，
才能製作出口感濕潤的成品。

科學原理 低筋麵粉是由軟質小麥研磨而成，表示比起其他麵粉，麩質蛋白含量較低，大約只有 7% 至 9%。反之，高筋麵粉的蛋白質含量約有12% 至 15%，中筋麵粉則有 10% 至 12%。一般來說，我們希望形成麩質，可以幫忙困住發酵粉釋出的二氧化碳，使烘焙食品膨脹，製造出有嚼勁的質地。可是製作蛋糕時若希望有輕盈、柔軟的質地，意味著要把麩質減到最少才是重點。

氯化麩質蛋白可以改善溶解率，
幫助產生更有黏著力的麵糊。

事實上，低筋麵粉都經過氯化處理，以達到保水的效果。氯化麩質蛋白可以改善溶解率，幫助產生更有黏著力的麵糊。氯也會分解澱粉為更小的碎片，在澱粉結構中加入一個氯原子，能增加澱粉抓住水分及鏈結脂肪的能力，讓麵糊均勻分布，產出口感濕潤的蛋糕。

你可以這樣做　儘管為了得到最好的成品，使用對的麵粉很重要，但如果手邊沒有低筋麵粉，可用 3/4 杯中筋麵粉及 2 匙玉米澱粉，代替 1 杯低筋麵粉，降低麵糊中的蛋白質含量。

Q₁₀₃ 攪拌蛋糕糊的方式重要嗎？

｜A｜ 重要，不同攪拌程度所製造出的口感也不同。

科學原理　烤蛋糕時，需仰賴一些非常精細繁複的科學及化學，才能做出美味、甜蜜的點心。蛋糕最重要的特色就是柔軟香酥的質地，而質地大多源於攪拌時混入麵糊的氣泡。奶油與糖混合時，可以將氣泡困在麵糊裡，這些氣泡非常重要，它們扮演發酵劑的功用，為烘焙食品帶來輕盈感，因此攪拌時能打入越多空氣越好。當食譜指導你將奶油與糖混合時，經常會看到指定攪拌方向，直到混合物的顏色變淺、開始蓬鬆，表示已經打入足夠的空氣量。

奶油與糖融合後，就該加入蛋攪打了。攪打使蛋白質變性（分解），會

在氣泡周圍形成一層薄膜，以脂肪覆蓋以穩定氣泡，防止它們崩解或形成緊實、扁平的成品。下一步是加入麵粉。當小麥麵粉被吸收後，必須小心麩質的發展，這就是為什麼許多蛋糕食譜會提醒你，這個階段千萬不要過度攪拌。少量麩質能支撐蛋糕的結構，但太多麩質會使蛋糕變得太硬、不柔軟，因此適當攪拌麵粉，直到看不到麵粉線條即可。

你可以這樣做 為了得到最好的成品，一步步跟著食譜指示就對了，特別是「混合麵團或麵糊到一定程度」的步驟。

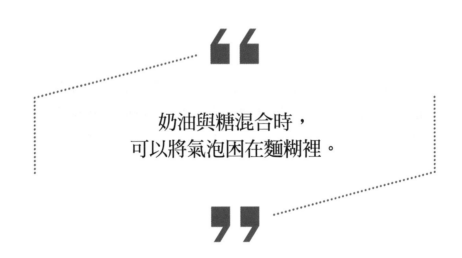

> 奶油與糖混合時，
> 可以將氣泡困在麵糊裡。

Q104 參照食譜使用奶油時，溫度重要嗎？

A 重要，因為不同質地的奶油，適合製作的糕點也不同。

科學原理 奶油是由水、牛奶蛋白、糖、乳脂組成。乳脂是主要成分，由各種不同脂肪與不同熔點組成。在冷凍庫裡凍過的奶油含有冰晶及晶體脂肪，冷凍脂肪會維持形狀直到加熱至室溫，屆時部分脂肪已經融化，而其他成分仍維持固狀及結晶狀。軟化奶油含有足夠的已融化脂肪及液態水，晶體脂肪就能開始滑向對方。當軟化奶油與糖混合，空氣會開始被收進固態乳汁結構中，形成氣袋。因此當奶油被加熱時，這些空氣泡泡會擴張，為烘焙成品帶來蓬鬆感。

換句話說，當奶油被融化，脂肪也會完全液化。融化後的奶油會像油一樣移動，無法像軟化或冷凍奶油那樣維持結構。因此，當空氣被打入融化奶油時，奶油就無法再困住空氣，成品就會比較紮實，所以喜歡紮實布朗尼的人，融化奶油就是最好的選擇。

你可以這樣做 選擇融化、軟化或冷凍奶油，取決於你希望烘焙成品最終呈現的質地，融化奶油可為烘焙食品帶來紮實、有黏性且有香氣的質地，是製作布朗尼、布丁蛋糕的最佳選擇。軟化奶油（讓奶油溫度降至室溫）可與糖混合製造氣袋，製出柔軟、輕盈的蛋糕口感。冷凍奶油會保持固態結構直到放進烤箱，可做出如同派皮或可頌的片狀質地。

Q 105 烘焙時，選擇玻璃或金屬容器重要嗎？

| A | 重要，因為兩者傳導熱能的速度也不同。

科學原理 當你把烤盤或派盤放進預熱的烤箱中，熱能開始從烤箱傳遞到盤子的邊緣及底部，再到麵團或麵糊中。玻璃是熱能絕緣體，比起導熱性更好的金屬，需要更多時間加熱及冷卻，所以玻璃盤加熱及傳遞熱能到內容物的時間更長。玻璃盤的優勢是可以更好地分布熱能，提升烘焙效果，即便離開烤箱也能維持溫度。玻璃盤不會和蛋產生化學反應，也不受番茄、檸檬等酸性食物影響。

金屬盤可以承受的溫度比玻璃盤更高，烤箱直火加熱下使用也更安全（高溫下玻璃盤會碎裂）。因為金屬導熱比玻璃快，用金屬盤烘焙的食物，變成褐色的速度更快，顏色也較深。如鋁製的輕金屬盤可以反射熱能及熱紅外線（其中一種方式是熱能由烤箱加熱線圈發射，由烤箱內壁反射出來），比起吸收紅外線光的深色金屬盤，輕金屬盤烘烤的食物，褐化得更慢。但輕金屬盤的加熱速度及加深食物褐色的速度，還是比玻璃盤快。

你可以這樣做 如果使用玻璃盤，請降低烤箱溫度 14 度，並增加 10 分鐘烘烤時間，以填補不同熱能傳導方式間的差異。玻璃不能快速加熱，可一旦加熱就能維持熱度，如果能與金屬盤維持相同溫度，就能在烹煮或烘焙尾聲時讓食物褐化。此外，需在短時間內進行烘烤時，使用深色金屬鍋可以加快褐化。

Q106 烤蛋糕時，烤架的位置會影響成品嗎？

A 會，因為位置不同，受熱程度也不同。

科學原理 烤箱本質上是隔熱的金屬箱，還有兩個加熱零件，一個在上方另一個在底部。當烤箱設置預熱，這些零件會啟動並開始提升烤箱溫度，一旦烤箱到達理想溫度，恆溫器會記錄溫度，關閉連接零件的電源。而烤箱發射熱能直到烤箱外逐漸冷卻時，恆溫器就會啟動底部發熱零件，將烤箱帶回設定溫度。大多數烤箱的恆溫器都靠近底部的發熱零件，所以烤箱底部的溫度會更嚴密地調節。問題是熱能會上升，所以烤箱上方的溫度會比預設溫度更高，因為熱度的分布不均勻，放在上方烤架的食物會熱得更快，整體褐化程度也會比放在下方烤架的食物更快。

另一方面，放在下方烤架的食物底部也會褐化得更快，因為更靠近底部發熱元件的發射熱能。因此，旋風烤箱靠著烤箱內的熱風循環，重新分布熱能，能讓食物烤得更均勻。

你可以這樣做 如果你沒有旋風烤箱，同時烤箱裡又有很多烤盤時，烘烤過程中務必互相調換位置一至兩次，讓食物烤得更均勻。中間的烤架是食物能烤得最均勻的地方，如果你想促進褐化，可將食物放在上方或底部的烤架。

Q₁₀₇ 烘烤時，食物為什麼會膨脹？

| A | 因為加了水和發酵劑所致。

科學原理　烘焙食品需要水分及發酵劑，如酵母、泡打粉、小蘇打，才能讓食物在烘烤時膨脹。加熱時，小蘇打及烘焙粉會分解並釋出二氧化碳，在麵團或麵糊中形成泡泡。隨著麵團或麵糊持續烘烤，最終達到沸點，麵團或麵糊中的水會轉為蒸氣，更進一步擴張二氧化碳泡泡，讓蛋糕、麵包或餅乾膨脹。此時，麵團或麵糊中的澱粉會開始膠化，最後在這些泡泡周圍固化，以蛋糕或麵包來說，就會製造出碎屑口感。

酵母麵包在烤箱中以某種相似的方式膨脹，烘烤前 10 至 20 分鐘，酵母麵包麵團就會到達烘焙張力的溫度，膨脹的蒸氣及一陣酵母活動，會導致烤箱中的麵團急速膨脹，直到酵母被上升的溫度殺死，麵團外皮硬化，無法更進一步膨脹。有些烘焙食品僅僅靠水分就可以脹大，如酥皮。這些食譜中，麵團中的水分會轉為蒸氣，蒸發前能將酥皮一層一層推開，留下奶油、輕盈的酥脆口感。

你可以這樣做　你可以透過調整麵團或麵糊中的水分、酵母或小蘇打，控制蛋糕、麵包或其他點心膨脹的程度。但是要小心，如果你的麵團不夠強韌，太多的酵母及小蘇打只會讓烘焙品崩塌。

Q 108 為什麼有些餅乾耐嚼，有些則酥脆？

| A |　因為使用的材料不同，特別是麵粉及油的種類。

科學原理　餅乾的質地取決於成分，尤其是麵粉、脂肪、糖、蛋（不一定有）的種類。如果你追求耐嚼的餅乾，用低筋麵粉、植物性酥油、紅糖及蛋即可。低筋麵粉的蛋白質含量低，可以減少梅納褐化反應；酥油熔點較高，可以維持麵團形狀較久，烘烤時變形程度較小。紅糖含有水分，加熱時可幫助餅乾維持濕潤，用蜂蜜或玉米糖漿作為甜味來源，也可以維持濕潤，製作出較柔軟的餅乾。蛋也含有水分，會和麵團結合，並在烘烤時幫助麵團凝聚，做出柔軟且較有厚度的餅乾。

若要製作酥脆餅乾，最好使用高筋麵粉、食用油或奶油、粗糖，且不要加蛋。因為高筋麵粉會幫助產生梅納反應，促進褐化。粗糖與紅糖相比，前者含水量較低，會製出較乾的麵糊，有助於酥脆口感。烘烤時，餅乾麵

糊可以輕易擴散，有助於提升脆度，只要不加蛋或使用食用油、奶油（奶油的熔點比酥油低）即可。

你可以這樣做 了解製作餅乾時的化學變化後，就可以調整為你喜歡的口味，以便做出完美質地的餅乾。若想做出更酥脆的餅乾，要選用高筋麵粉或中筋麵粉、食用油或奶油，以及粗糖。如果想要較軟、濕潤的餅乾，就用低筋麵粉、酥油及玉米糖漿、蜂蜜或紅糖擇一。

> 紅糖含有水分，
> 加熱時可幫助餅乾維持濕潤。

Q109 讓派皮變薄脆的祕密是？

| A | 水不要加太多，及配合適當的烤箱溫度。

科學原理 派皮的基底是麵粉、脂肪和水。無論脂肪來源是奶油、豬油還是植物性酥油，都要混合或拌至麵粉中，直到混合物變成顆粒狀，油品變成豆子大小的顆粒狀。這個過程以脂肪覆蓋，並組成麩質的兩種蛋白質，即小麥穀蛋白與穀膠蛋白，它們會在水加入麵團時，阻礙麩質形成；麩質過多時會產生過硬、不薄脆的派皮。接著，當你加水進入麵粉與脂肪的混合物時，切記動作必須越少越好（最小化麩質的形成），只需適當地混合，然後滾動麵團，再放進派皮模具中。

填滿及烘烤內餡前，將派皮置於冷藏或冷凍至完全冷卻，因為你會希望進烤箱時，麵團中的脂肪已是固狀。烤派前，烤箱預熱也是很重要的步驟，夠熱的烤箱裡，麵團中的水分會快速蒸發為蒸氣，將麵團推成薄片。如果脂肪沒有冷卻完成，烤箱也不夠熱，脂肪就會融化，且在被定型前就被麵團吸收，變成一盤濕濕軟軟的派。

你可以這樣做 如果想做出薄脆派皮，可以用伏特加取代部分水分。酒精可以減緩麩質形成，讓派皮變得更柔嫩，且伏特加蒸發速度快，不會留下多餘味道。

Q110 不同種類的糖有差異嗎？

｜A｜ 紅糖、粗糖或白糖，成分仍略有不同。

科學原理 餐用砂糖最常見的種類是蔗糖，一個糖分子是由更小的葡萄糖、果糖兩種糖分子組成，也就是單醣。世界上多數餐用砂糖是由甘蔗或甜菜精煉而成，要產出粒狀且結晶的糖，含糖量高的植物原料必須切片或壓碎，浸泡於水中溶出糖，然後壓榨出精萃糖漿。糖漿被煮沸直到糖的濃度夠高，隨著糖漿冷卻，糖就會結晶。運用離心力，生結晶糖會從液體中分離出來，粗糖必須小心地溶解，用活性碳過濾以除去雜質及顏色，接著第二次重新結晶，以取得純粹的結晶糖，也就是我們所知的白糖顆粒。

糖本來就是白色，但煮沸過程會讓粗糖漿中的糖及雜質焦糖化，分解進深色液體中成為糖蜜。糖蜜仍含有 75％的糖，但更進一步做成結晶品並不划算。紅糖以及市面販售的「粗糖」都是糖，仍含有部分糖蜜，或者更常見的是重新精緻的白糖，即加入糖蜜，以產出褐色（焦糖化）。

你可以這樣做 紅糖或粗糖都帶有些微焦糖化的風味，因為含有糖蜜，可能是精製過程中留下，或是之後再加入精製白糖中所產生的結果。

Q_{111} 為什麼蜂蜜會結晶？

| **A** | 因內含的葡萄糖濃度高於 48% 時，
無法溶於水，便成為結晶。

科學原理 蜜蜂以採集花朵的花蜜而產出蜂蜜，花蜜本身就是甜溶液，平均單醣濃度為 23%，含有葡萄糖、果糖、蔗糖。蜜蜂吸收花蜜時，會釋出唾液的酵素，將蔗糖中的分子轉為一個葡萄糖分子及一個果糖分子，提高整體糖的濃度。預先消化過的花蜜會在蜂巢中被反芻，其他蜜蜂會重複吸入、反芻花蜜，直到部分被消化掉。過程中，花蜜裡會產生氣泡，增加花蜜的表面面積，讓一些水分蒸發。而部分被消化的花蜜則被移去儲藏於蜂房中，導致更多水分因蜂巢的熱度而蒸發，蜂巢中的空氣也因蜜蜂翅膀振動而再度循環。失去更多水分後，花蜜的糖分含量持續提升，直到濃度達 75% 時，就形成了蜂蜜。

蜂蜜中有 75% 的葡萄糖與果糖，再加上 20% 的水，其餘成分是酸及酵素。在這個濃度下，蜂蜜屬於過飽和溶液，意味著溶於蜂蜜中的糖遠高於室溫下的正常含量，葡萄糖能完全溶於水的最高含量約 48%。另一方面，果糖非常容易溶於水中，可形成 80% 濃度的溶液，因此，如果一罐蜂蜜的葡萄糖濃度高於 48%，葡萄糖分子就會傾向脫離溶液，成為結晶。

你可以這樣做 蜂蜜結晶很正常，只要放在熱水上加熱就可重新溶解，或以 30 秒逐次微波，直到所有糖溶解。

Q112 花生糖脆硬的原因是？

| A | 因為加入小蘇打，製造出酥脆口感。

科學原理　花生糖有讓人驚豔的酥脆質地，會讓人想吃個不停，它脆硬的質地祕密不在於糖或奶油，而是小蘇打。製作花生糖的第一步，是把開水、粗糖（蔗糖）及玉米糖漿煮沸，直到溶液達攝氏 150 度，也就是脆硬狀態。此時，大多數水分都已蒸發，溶液中的糖已過飽和；同時也非常不穩定，如果沒有玉米糖漿就會形成結晶（可能導致顆粒狀質地）。市面上的玉米糖漿含有酸，可以幫助蔗糖與水發生反應，形成葡萄糖及果糖。這非常重要，因為果糖遠比蔗糖更容易溶於水。同時，這三種糖化合物可以阻止晶體形成，避免溶液變得更濃時，任何一種糖占據主導地位。糖的混合物很難結晶，因為不同分子持續與其他分子碰撞，破壞其他晶體結構。

在這個階段，你可以滴入一些糖漿於冷水中測試，它會分裂成硬、脆的線狀。當糖烹煮到硬脆狀態時，冷卻變硬後就會維持非結晶形式，產生滑順質地。

完成花生糖的最後一步是糖漿必須從火上拿開，拌入花生、奶油及小蘇打，高溫會立即將小蘇打分解為二氧化碳及碳酸鈉。二氧化碳會在冷卻中的糖漿製造氣穴，花生糖咬下去的脆硬

口感便是由此而來。奶油及花生中的蛋白質會與糖發生反應,形成梅納風味化合物,小蘇打的存在又會放大效果,促進褐化,讓花生糖擁有焦糖風味及色澤。

`你可以這樣做` 如果花生糖很難成為硬脆狀態,變成耐嚼的口感時,可重新加熱至攝氏 151 度,散去更多水分。有時候,環境的濕度也會影響糖達到硬脆狀態的溫度。

Q_{113} 調溫巧克力是什麼意思?

│ A │ 透過熔化、降溫及升溫的過程,重新調整巧克力中的結晶,幫助其達到更穩定的狀態。

`科學原理` 某些東西調溫時(舉例來說,可能是巧克力或鐵),它會被慢慢地加熱,讓分子重新排列,原料的品質就會被改善、強化。未調溫巧克力中的可可脂,是不同大小的不同脂肪結晶形式混合而成,調溫時,可可脂會產出穩固且亮面光澤的巧克力。

巧克力的初次調溫是加熱至攝氏 43 度至 49 度,液化所有可可脂晶體。接著,融化的巧克力會慢慢冷卻至攝氏 28 度;這麼做可以讓可可脂形成特殊結晶,稱為第五型結晶體。這個穩定的脂肪結晶,賦予調溫巧克力令人印象深刻的光澤,及咬下時的脆感。

調溫過程可透過「加熱」融化巧克力，與敲碎的已調溫巧克力幫忙，巧克力中的 β-晶體能使新 β-晶體重新組織及成長。

你可以這樣做　如果你想要有高品質光澤的巧克力，用來沾醬、塗抹表面或製成其他糖果時，真的只能考慮調溫巧克力。若想製作調溫巧克力，首先要敲碎或磨碎巧克力，取 2/3 巧克力放在隔水加熱的雙層鍋中，小心地加熱到攝氏 43 度至 49 度（用糖果溫度計測量），持續攪拌直到巧克力變柔順。拿開隔水加熱的內鍋，讓巧克力冷卻到攝氏 35 度至 38 度，然後慢慢地攪拌剩餘未融化的巧克力，直到溫度降到攝氏 28 度，再將內鍋移回隔水的大鍋中，加熱到攝氏 31 度後再將巧克力放進模具中，或者用來沾醬及塗層。

Q 114　為什麼巧克力和咖啡的味道如此搭配？

│ A │　因為兩者的發酵及烘烤過程相似，混合後能增強彼此的香氣。

科學原理　巧克力是從可可樹上採收完全成熟的豆莢製造而成，從豆莢中取出豆子，經過七天發酵後除去外面軟爛的果肉，接著這些豆子會被洗淨、乾燥、烘烤。同樣地，咖啡豆也是從阿拉比卡咖啡樹，稱為咖啡果的

果實中挑選出來製作，經一至兩天發酵後除去果肉，再取出咖啡豆後乾燥數週，接著洗淨、烘烤。

結合發酵及烘烤步驟，賦予咖啡及巧克力有相似的風味輪廓，微生物消化果香味果肉時，兩者中都會產出糖及胺基酸（白胺酸、蘇胺酸、苯丙胺酸、絲胺酸、麩醯胺酸、酪胺酸），成為風味及香氣的前驅物。當豆子被烘烤於攝氏 140 度下，透過梅納褐化反應，糖會與這些胺基酸發生反應，產出更複雜的風味化合物，像是吡咯及醛類，就是巧克力及咖啡的主要風味成分。當咖啡被加入巧克力蛋糕麵糊，或巧克力及咖啡混合後，再一起加進其他甜點中，這些共有的風味化合物就會更濃厚，增強彼此的香氣。

你可以這樣做　想在蛋糕或餅乾中加入更複雜的巧克力風味，只要將食譜中原本 2 至 4 匙的液體成分，換為更濃烈的冷萃濃縮液即可。

結合發酵及烘烤步驟，
賦予咖啡及巧克力有相似的風味輪廓。

CHAPTER 7

食品安全 & 保存
Food Safety and Storage

你可能常會懷疑吃下肚的食物是否真的安全？當盤中的烤魚來自智利、蒜片來自中國時，你或許會擔心這些食物是否已受感染，甚至也想知道國內是否有法規來保護食物遠離汙染。此外，採買各式食材或花了一整天準備餐點後，你可能不太確定該如何保存食物，才是最安全的方式。適當的處理及保存，能避免食物孳生黴菌、酵母菌及細菌，幫助你安全且健康地享用各種料理。

Q115 熱的食物應該立即放進冰箱，還是冷卻後再放？

| A | 原則上，建議立即放進冰箱，避免細菌孳生。

科學原理 一般認為食物應該冷卻後再放進冰箱，背後的道理是，熱食放進冰箱會降低冰箱內部的溫度，讓其他食物暴露於細菌「危險帶」風險下。但現在的冰箱內建可偵測溫度變化的恆溫裝置，可快速適應熱食流出的熱流，冰箱內的空氣循環量，也會減少熱食影響周遭其他食物的可能性。相較之下，將熱食靜置在室溫下，細菌在攝氏 5 度至 60 度間可以快速繁殖，每 20 分鐘細菌數就會翻倍成長，短短幾小時內，細菌數就會變得相當龐大。

你可以這樣做 熱食最好立即放進冰箱，避免細菌生長。或是分裝進更小的保鮮盒內，幫助食物更快冷卻。

Q116 喝生乳安全嗎？

| A | 不安全，容易受到細菌感染。

科學原理 生乳可能含有易致病的細菌，例如金黃色葡萄球菌、大腸桿菌、李斯特單胞菌、鼠傷寒沙門桿菌。巴氏殺菌法過程中，生乳會被加熱

到攝氏 72 度約 15 秒，殺死至少 99.999％的病原菌株，讓牛奶可以安全食用，也能延長冰箱中牛奶的保存期限至兩週。但對於保久乳來說，使用的是另一種超高溫消毒法；在此過程中，生乳會被加熱至攝氏 135 度以上 2 至 5 秒（雖然這個方式看似最好，但是超高溫消毒法會影響牛奶的口感及味道，因為高溫會導致梅納褐化作用）。研究顯示，通過巴氏殺菌法的牛奶，和生乳的營養成分差異甚小，但生乳中的細菌感染風險更高，如果你經常喝生乳，便容易被感染。

你可以這樣做 經巴氏殺菌後的牛奶及生乳，兩者的營養價值差異微小，相較於此，飲用生乳時，一併喝下細菌的風險更高；同樣道理也適用於未經巴氏殺菌的軟質熟成乳酪，如莫札瑞拉、布利、克索布蘭可起司。換句話說，至少經 60 天熟成但未經巴氏殺菌的生乳起司，也可以安全食用，因為含有許多鹽、酸及黴菌，可打造出不適合病原菌發展的環境。

Q 117 吃生蛋安全嗎？

A 看情況，因為裂開、破損或帶髒汙的蛋，
可能藏有沙門氏菌。

科學原理 生蛋通常與沙門氏菌有關，因為雞帶有這種菌，會在蛋殼形成前傳到雞蛋內部。沙門氏菌也會因接觸禽類糞便而附著於蛋殼上。當然，不是所有生蛋都有沙門氏菌，只是無法知道某顆蛋是否帶菌。經殺菌

過的生蛋，其帶有的活性沙門氏菌較少，生食較安全。裂開、破損或帶髒汙的蛋，較可能藏有沙門氏菌。生蛋上的沙門氏菌，可能會對孩童、年長者及免疫力較低者造成較大威脅。

你可以這樣做 如果想盡可能減少沙門氏菌的威脅，在自製美乃滋、韃靼牛排時，請選用殺菌後的生蛋。類似的餐點還有荷蘭醬，不過其中的蛋已被加熱至攝氏 71 度，這個溫度足以殺死沙門氏菌。需特別留意的是，在食用蛋前洗淨蛋殼，無法去除沙門氏菌。

Q_{118} 如何分辨蛋是否已腐壞？

| A | 把蛋放進一碗水裡，即可得知。

科學原理 當蛋越來越老，蛋殼就會有更多孔隙，意味著蛋裡的水氣開始透過蛋殼蒸發，隨著時間流逝，蛋的內部就會形成氣室，蛋黃開始從蛋白中吸收水分，變得更大且更脆弱。從氣室中吸收氧氣後，蛋白中的蛋白質會變性，最終失去攪打時變得濃厚及發泡為蛋白霜的能力。蛋越來越老，腐壞微生物也會開始在蛋中滋長，蛋白的顏色會變成粉紅色或螢光色。一般來說，市售的蛋都經過清洗，能在冰箱中保存五週。未經清洗的新鮮蛋，有薄薄的分泌物覆蓋在蛋殼，可保護蛋不受外在的細菌侵襲（稱為角質層）。常溫下可保存三週，若放在冰箱內則可超過三個月。

你可以這樣做 欲判斷蛋的好壞,最好的方法就是使用鼻子嗅聞,如果聞起來不對,那就是壞了。如果想在使用蛋前(例如打發蛋白),測試其新鮮度,可在敲開蛋殼前,先把蛋放進一碗水裡;如果蛋浮起來,表示內有很大的氣室,意味著蛋的品質正在走下坡,無法順利打發。

當蛋變老時

隨著蛋變老,它們會失去水分,在蛋殼內製造出更大的氣室。含有太多空氣的蛋會浮在水面,表示蛋太老了,無法用來打發蛋白。

Q₁₁₉ 生的餅乾麵團可以吃嗎？

| A |　不行，未加熱情況下可能含有細菌。

科學原理　吃一匙餅乾麵團或許是很誘人的事，無論是自己動手做的還是超市賣的，但請克制這種衝動！自製麵團中的生蛋可能含有沙門氏菌，市售餅乾麵團或許因為使用加熱後的雞蛋粉，能規避風險，但餅乾麵團中仍含有未煮過的麵粉，其中也可能藏有耐熱的菌株，如沙門氏菌、大腸桿菌及其他細菌。

你可以這樣做　市售餅乾用麵團會經特殊的加熱處理，以確保食用安全，但生麵團並無加熱處理，請烘烤成餅乾後再食用。

Q120 雞肉和火雞肉烹煮前，要先清洗嗎？

| A | 原則上不用，因清洗時也可能讓汙水碰到食物。

科學原理 禽肉表面是潛在的細菌繁殖地，像是曲桿菌類、沙門氏菌等，可能會導致生病。如果清洗禽肉，水槽中飛濺的汙水也可能與其他食物交叉感染。如果沒有仔細清洗，細菌可能會在食物或餐具的表面停留或大量繁殖。不過，以鹽水浸泡雞肉及火雞肉，可以減緩表面病原體的生長速度。但如果你將鹽水沖洗掉，病原體數量又會再次上升。

你可以這樣做 如果可以，拆開雞肉及火雞肉的包裝後，應該直接放上砧板處理，再用煎鍋或烤盤料理，沖洗不當只會增加細菌汙染的機會。

Q121 沒煮熟的豬肉可以吃嗎？

| A | 不行，可能含有寄生蟲。

科學原理 豬隻可能帶有旋毛蟲，那是因為豬吃下含有蛔蟲幼蟲的垃圾廚餘時，被這種寄生蟲感染。被感染的豬沒有任何臨床症狀，所以很難判定是否被感染。美國的法律規定，市售豬肉製品必須加熱至攝氏 58 度，以殺死旋毛蟲，例如即食香腸。

儘管美國以廚餘餵豬的現象已減少，但對養豬戶來說，仍是低成本的選項。聯邦法規要求，如果要使用廚餘，必須先加熱處理，以預防旋毛蟲病散播。人類感染旋毛蟲病的情況非常罕見（美國每年僅有二十個病例），死亡率也很低，但仍是你不會想冒險染上的病。

你可以這樣做　　當豬肉被加熱至攝氏 60 度，就可以殺死所有的寄生蟲。美國農業部則建議，若想安全食用豬肉，應加熱至攝氏 63 度較好。

Q122 吃烤肉不健康嗎？

A　**如果吃到烤焦的肉，可能會增加罹癌風險。**

科學原理　　人們都喜歡烤肉，因為肉在明火上燒烤時，會形成美味的焦皮。但研究發現，烤焦的肉上有兩種化合物，可能增加罹癌風險，即多環胺類及多環芳香烴。胺基酸與糖達到焦化溫度時，會形成多環胺類，焦化溫度遠高於啟動梅納褐化反應的溫度，但油煎或燒烤時，也會達到這個溫度。當脂肪與肉汁滴進非常熱的表面上，接觸到火並製造出煙，就會產生多環芳香烴。多環胺類及多環芳香烴這兩種化合物，只有在肉類以炭烤、炙燒、燒烤或其他高溫烘焙方式時才會產生。

癌症研究員不斷分析多項研究，以便判定多環胺類及多環芳香烴是否會導致癌症。他們餵食實驗鼠這些化合物，之後確實在各個不同器官中長出腫瘤與癌症。然而這些研究的問題是，實驗鼠攝取的多環胺類及多環芳香烴，是一般人類飲食中的數千倍。

你可以這樣做　減少暴露於多環胺類及多環芳香烴的方法，即去除燒烤或炭烤食物上燒焦的部分，如此你就不會吃到這些化合物。你也可以在燒烤前，去除牛排或排骨上的多餘脂肪，盡量避免讓脂肪滴到熱源，預防產生多環芳香烴。

Q123　牛排一定要全熟，才能安全食用嗎？

│ A │　只要正確烹煮，不需全熟也能食用。

科學原理　一塊全熟牛排已經被加熱至內部溫度達攝氏 71 度以上，足夠確認內外的所有細菌都已死亡，問題是，煮到全熟的牛排已經沒有肉汁、香味及軟嫩度了。真的有必要煮到這個溫度嗎？

為了好好了解背後的資訊，我們要先知道如何加工牛肉。談到牛肉，最讓人擔心的是大腸桿菌，它主要存在於牛的腸道中。當肉牛被宰殺並加工後，腸道中部分細菌會跑到分切肉的表面，但沒有細菌可以真的滲入牛排中。這就是為什麼煎封處理牛排外皮，內部維持攝氏 54 度，也可以安心

食用的原因。所有可能存在於牛肉表面的細菌，會因為煎封的高溫而死亡（攝氏 71 度就可以殺死大腸桿菌）。

不過，若牛排（例如骰子牛排）被以尖銳刀槳或機械拍打時，外部的肉汁會因此汙染牛排內部。

市售牛絞肉是另一個容易潛藏大腸桿菌的地方，受汙染的表面會與其他牛肉混在一起。由於絞肉機非常難清理，即使經過仔細清洗或消毒，也可能潛藏大腸桿菌。換句話說，各個表面都煎封過的肉塊，不會被細菌汙染，因為細菌無法進入到肉的內部。

你可以這樣做　唯一需要全熟烹煮牛排的時刻，就是牛排表面被針戳式的機械軟化時。肉品內部的無菌程度其實令人訝異，只要表面以攝氏 71 度煎封料理，就無須擔心細菌威脅。

Q124

如何不讓大腸桿菌存活於蘿蔓生菜，或其他農產品上？

| A | 透過「烹煮」，才能避免細菌感染。

科學原理 大腸桿菌是經常存在於動物及人類腸胃道的細菌。儘管大部分大腸桿菌株都不具傷害力，但仍有少數可能造成人類感染，最常見的是大腸桿菌 O157:H7 型。

那麼農產品是如何被大腸桿菌所汙染？公共衛生調查追蹤數個不同源頭，其中一種是如牛或豬等家畜的排泄物被沖進灌溉用水中，然後來到農作物上。另一種是接觸了含有動物排泄物的未處理肥料上。研究者也發現，受汙染農產品與野生動物間的關聯，如野豬、鹿、鳥會在田間翻找農作物，並在周遭留下排泄物。

你可以這樣做 為了避免廚房中的食物原料交叉感染，處理不同農產品及肉品前，一定要用肥皂洗手（殺死細菌）。每次處理葉菜類及生肉前，砧板也應該用清潔劑清洗（或分開使用砧板，一塊處理肉，另一塊處理農產品）。大腸桿菌及其他細菌，如沙門氏菌，無法用清水洗淨，因為它們會頑強地附著於食物表面，「烹煮」是唯一避免感染的方式。

Q125 如果吃到蘑菇上的汙漬，會生病嗎？

A 不會，因為汙漬來自於消毒過的基底物。

科學原理 蘑菇是真菌的子實體，是一個龐大的地下網絡，線狀的真菌組織就是菌絲體。蘑菇的種植方式有兩種，一種是傳統的戶外原木種植，是將菌絲體植入原木上鑽孔的洞中，真菌會自然地被留在蘑菇果實裡，或當原木被泡在冷水中時，模擬出春秋兩季下雨的季節，果實也就被迫留在原木中。這種勞動密集方式可產出沒有汙漬的高品質蘑菇，通常會用來生產高價值藥用或高級蘑菇，因為產量並不穩定。

用於販賣的室內蘑菇農場內，會將一種由木屑、穀粒、稻草、堆肥及玉米穗混合後組成的特殊基底物，放入盒子或玻璃容器中，可用來消毒，以去除帶有汙染源的微生物。這種基底接種了真菌菌絲體，可於精心控制的環境下成長。這就是你在超市買到的大多數蘑菇的製程，你看到的蘑菇汙漬就源於這種消毒過的基底物。

你可以這樣做 如果用乾紙巾或特殊的蘑菇刷具來清洗蘑菇，非常耗費時間。實驗證明，清洗蘑菇時，蘑菇吸收的水分極少，因此直接用冷水沖洗蘑菇，再用蔬果脫水器使其乾燥即可。

Q126 發酵或醃製後的蔬菜，不會變質的原因是？

| A | 發酵及醃製環境並不利於細菌生長，自然不易變質。

科學原理 發酵過程涉及食物中接種的細菌、酵母，或黴菌特殊菌株及培養系統。透過發酵製造出絕妙風味的同時，也創造出不利於危害人類的生存環境。

發酵食物中最常見的菌株是乳酸菌（乳酸桿菌屬），通常用來發酵醃菜、優格、康普茶、酸啤酒及德國酸菜。乳酸菌代謝食物中的糖分產出乳酸，乳酸出現會降低食物的酸鹼值至 3.5，是大多數細菌無法忍受的酸度。醃漬的方式和發酵一樣，除此之外，還會加入其他酸性來源，通常是醋酸（醋）或檸檬酸（檸檬汁）。有些乳酸菌株會釋放少量抗菌蛋白質濃縮物，作為天然防腐劑，進一步抑制細菌生長。

酵母通常用來製造啤酒、紅酒、麵包或其他發酵食品，透過糖轉換為乙醇，創造出不適合細菌居住的環境，而啤酒及紅酒中的酒精對許多微生物來說含有劇毒。有些酵母菌株甚至可以產出耐受高達 25％的酒精，此條件下只有極少數微生物可以存活。

黴菌也會產出對其他微生物有毒的天然化合物。某些用於發酵起司的黴菌屬於青黴菌屬，也會產出抗生素，如青黴素。

你可以這樣做 用於發酵蔬菜的安全食用鹽水，其作法很簡單，每 3.78

公升水量加入 2.5 杯猶太鹽或粗鹽，溶解成 10% 的初始鹽水，也可以在每 3.78 公升的水中，再加入 3/4 杯鹽，讓鹽水濃度來到 15%。接著蔬菜會發酵約四至八週，讓糖轉為酸，避免發酵蔬菜被微生物損害。

Q127 馬鈴薯的皮變綠，還能吃嗎？

| A | 要看狀況，若馬鈴薯已發皺或萎縮，就不能吃。

科學原理　如果讓馬鈴薯暴露在光線下，隨著葉綠素產生並灌入馬鈴薯表面後，皮就會開始轉綠，準備進行光合作用。這個過程會觸發產生有毒生物龍葵鹼，攝取過多可能導致噁心、嘔吐、腹瀉、胃痛、頭痛，成人約食用 200 至 400 毫克，孩童則只需 20 至 40 毫克，就可能導致中毒。450 公克的綠馬鈴薯可能含有 10 至 65 毫克龍葵鹼，這種毒素集中於馬鈴薯的嫩枝及皮中，因此最好不要吃已發芽或轉綠的馬鈴薯。

　將馬鈴薯放在溫暖環境下就會開始發芽，就像春天來了。發芽會觸發釋放澱粉酶，讓馬鈴薯中的澱粉轉為糖，以餵食正在生長的馬鈴薯嫩芽。澱粉分解成糖後，就像水分滲透到糖中，導致馬鈴薯形成皺褶。

你可以這樣做 馬鈴薯剛開始發芽時仍無毒，只要摸起來還是硬的，除去芽後可放心食用。但是，若馬鈴薯開始發皺或萎縮並開始轉綠時，就應該丟掉了。若馬鈴薯還是硬的，但皮開始變得有些綠，也還能吃。在烹煮前去皮並切掉所有變綠的部分，即可食用。

Q₁₂₈ 蘋果籽和桃核帶有毒性嗎？

| A | 不算是，但過量食用仍會導致身體不適。

科學原理 蘋果籽及桃核含有名為苦杏仁素的化合物，在消化過程中會分解為氰化氫。氰化物是一種毒素，每一公斤的蘋果籽或桃核中，就含有 1.5 毫克致命劑量。然而，以桃核及蘋果核中的苦杏仁素濃度而言，62 公斤的人須吃下至少 235 顆桃核或 875 顆蘋果籽，才會達到致命劑量，如果只是吃下幾顆果核，人類還是可以排出少量的氰化氫毒素。但是，長時間接觸穩定的氰化物劑量，仍會導致身體麻痺、頭痛、噁心、嗜睡。

你可以這樣做 萬一吃下幾顆蘋果種子（我猜你應該不會吞下桃核），並不會導致急性氰化氫中毒，但最好還是不要每天食用。

Q129 蓖麻籽含有蓖麻毒素嗎？

| A | 是，但食用蓖麻籽而中毒的情形很罕見。

科學原理 蓖麻籽是蓖麻的種子，通常用於製造蓖麻油，常見於食品添加劑及成分中。蓖麻籽的內部含有蓖麻毒蛋白，是一種與碳水化合物結合而成的蛋白質。蓖麻毒蛋白的毒性很高，只要食用 2 毫克（大約比幾粒鹽多一點），就足以毒死一般體型的成年人。蓖麻毒蛋白會抑制細胞中蛋白質的合成，阻止它們執行最基礎的代謝功能。

你可以這樣做 但是別擔心，因為經過加工，蓖麻油不含有蓖麻毒蛋白。食用蓖麻籽導致中毒的情形也極為罕見，因為這些蓖麻籽有堅硬的外殼層，很難被消化，而我們胃中的酸也會使大多數蛋白質失去活性。

Q130 花生醬會壞嗎？

| A | 會，只要沒有適當存放就容易腐壞。

科學原理 花生醬因水分少、油脂多，可防止被黴菌及細菌破壞，但少數致病菌仍可存活於花生醬中。不過，花生醬中的油還是會腐壞，只要花生醬被開過，新鮮氧氣就會進入，與多元不飽和脂肪的花生油發生反應。

多元不飽和脂肪油容易發生氧化，經過數月就會形成過氧化物、醛類及其他酸敗物。

你可以這樣做　過期的花生醬不太會讓你生病，但花生醬中的油會隨著時間變得腐壞，食用過期花生醬的感覺可不太好。腐壞的花生醬味道會變得強烈、苦澀，含有肥皂味或金屬味。比起室溫保存，含氫化油和天然花生油的花生醬，較適合冷藏於冰箱中，因為溫度較低，可以減緩自然氧化的過程。無論儲存於冰箱或室溫，天然花生醬的腐壞速度都比含氫化油的花生醬更快，因為後者含有抗氧化劑，可減緩油氧化的速度。

Q₁₃₁　果醬永遠不會壞嗎？

｜A｜　並不是，一旦開封就要適當保存，避免腐壞。

科學原理　市售及自製果醬，是因其高酸度及糖分含量得以保存。和果醬的甜分一樣，果醬的酸度（pH 值小於 4.6）對大多數腐敗微生物來說，是一種毒性。同樣地，果醬中的高糖分會鎖住水分，防止微生物利用糖分

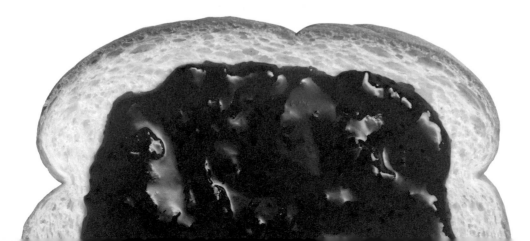

代謝養分。透過巴氏殺菌法可以延長果醬的保存期限，也可以殺死任何殘留的微生物。

但是果醬開罐後，就會接觸氧氣及大量潛在的微生物汙染源。大多數微生物無法在果醬裡生存，但只要有氧氣存在，仍有一小部分的酵素及黴菌可以適應高糖、高酸度的環境。最常見的就是結合酵母屬酵母菌，是一種在發酵醬油內的酵母，能賦予醬油獨特風味，但會導致果醬及其他高糖食物出現腐壞味道。此外，某些種類的青黴菌，即使冷藏儲存也會破壞果醬，產出黴菌毒素而影響風味。

你可以這樣做　未開罐的市售及手作果醬，若置於陰涼、乾燥處，可存放至少一至兩年。一旦開罐，就要依賴眼睛和鼻子來觀察果醬是否腐壞。腐壞的明顯跡象就是發酵味、酒精味或酵母的味道。

淺色果醬放久了顏色自然會變深，所以深色並不代表壞掉。此外，果醬造成的肉毒桿菌中毒現象非常罕見，市售果醬的酸度，足以避免導致肉毒桿菌形成的細菌生長。但是，若自製的果醬酸度低，就有生成肉毒桿菌的風險，因此這些果醬即使未開封也建議冷藏儲存，盡快食用最好（更多說明請參考右頁內容）。

Q132 什麼是肉毒桿菌中毒？

| A | 當吃下含肉毒毒素的食物，就會發生中毒。

科學原理 這種毒素由肉毒桿菌製造，當吃下含有潛在致命的肉毒毒素食物時，就會發生肉毒中毒。肉毒桿菌毒素是所有細菌產出的毒素中，最致命的幾種之一，會抑制神經功能，導致癱瘓及呼吸衰竭。幸好肉毒桿菌只會在特定條件下生長及製造毒素，環境必須高度潮濕且含氧量極低，甚至缺氧。食物只要經適當乾燥或接觸空氣，就不會被肉毒桿菌汙染；酸鹼值低於 4.6 的食物，也不足以生成肉毒桿菌，含鹽量高於 5% 的食物也是，即大多數醃漬食物。容易受肉毒桿菌汙染的高風險食物，包括酸度過低（酸鹼值大於 4.6）的自製罐裝食物，及油漬罐裝香料及食物，如烤番茄、大蒜及迷迭香。

你可以這樣做 如果你選擇以新鮮蔬菜、香草或水果自製風味油品，必須格外小心，因為這種組合會製造出肉毒桿菌非常喜愛的高濕度、低氧氣環境。自製風味油品最安全的方法是使用乾燥香草及香料，才不會引入多餘水分到油品中。在家自製風味醋相對安全，因為醋的酸鹼值低於 4.6，不會助長肉毒桿菌生長，不過卻可能助長耐酸性的大腸桿菌。為了安全起見，自製醋應加熱至沸騰至少 5 分鐘，確保所有細菌皆已死亡。

Q 133　橄欖油會過期嗎？

| A |　會，若不常使用請放入冰箱冷藏。

科學原理　有一種說法是，優質的橄欖油會像酒一樣越陳越香，不過這完全錯誤。不管以種類還是價格來說，時間久了橄欖油都會因酸度增加而崩解，風味也會減弱。但這是為什麼呢？

和所有油一樣，橄欖油是由三酸甘油酯分子組成。三酸甘油酯有三個不飽和脂肪酸組成的長鏈尾，不飽和這個名稱指的是碳與此鏈鏈結的方式。橄欖油初次冷壓時，油中的三酸甘油酯一開始新鮮且無損，但隨著時間過去，橄欖油開始與空氣中的氧發生反應，產出醛類及酮類分子。這些分子就是腐壞油品的味道及氣味來源；若攝取量過大，就可能會生病。空氣中的水也會與三酸甘油酯發生反應，製造出味道不佳的游離脂肪酸。

你可以這樣做　你可以使用自購買日起，18 至 24 個月內未開封的橄欖油，開封後兩個月內都還會保持新鮮。保存橄欖油時應遠離熱能及陽光，否則會加快其損壞的速度。測試橄欖油是否損壞的方法就是聞聞看，新鮮的橄欖油會帶有清爽的青草香。如果你並沒有太常使用橄欖油，放進冰箱冷藏可延長保存期限。

Q 134 炸過或煮過的油，可以再使用嗎？

│ A │ 可以，但要過濾且冷藏保存。

科學原理　如果煮過的油有適當過濾及儲存，就可以再次使用。但是，重複使用的油遇上含水食物，會產出適合肉毒桿菌生存的環境（請參考 p.195 的內容），因為油有困住水滴的能力，也會在其周圍製造無氧環境。

　　美國農業部建議，炸過且未過濾的油，應於使用後一至兩天內丟棄；這種情況下，重新加熱該油可以殺死細菌，但不一定能破壞肉毒桿菌製造出的毒素。重複使用油可能產生的另一個問題是，經多次加熱的油一旦接觸空氣會更容易氧化。氧化會產出苦味及輕微毒素化合物，可能影響人體。因此，味道變了的油千萬別再使用。

你可以這樣做　如果你想重複使用炸過的油，可以在油冷卻後用細孔過濾器過濾，去除食物殘渣後置於冰箱冷藏，減緩任何潛在有毒細菌的生長。採用上述方式冷藏用過的油，保存期可達一個月。

Q135 我們可以放心食用氫化油嗎？

| A | 只能食用完全氫化油，
不完全氫化油因含反式脂肪，已被禁止使用。

科學原理　氫化油需經過氫化作用的製程。當油被氫化後，其分子結構會變得更堅硬，得以在室溫下堆疊並受困於固體中。此製程讓製造商可以將液態油轉為固態脂肪，為食物成品添加乳脂感及口感。氫化作用也能增加保存期限，及讓脂肪更穩定。實際製程是在高溫下結合液態油與高壓氫氣，使用有精細分散的金屬粉末（通常是鎳、鉑、鈀）作為催化劑，加速發生反應。氫化作用過程中，有些油分子只是部分氫化並以不同方式重組，就是所謂的反式脂肪。也有原本就存在的反式脂肪，但被大量攝取時，就會增加低密度脂蛋白膽固醇，導致膽固醇形成於動脈，提高冠狀動脈疾病及中風的風險。

2015 年美國食品藥品監督管理局（FDA）規範反式脂肪不可食用，應於 2018 年從食物供應市場中撤除。從此之後，食物製造商只能使用不包含反式脂肪的完全氫化油，這些氫化脂肪完全飽和，但不具反式脂肪的有害特性，與天然飽和脂肪的特性相似。

你可以這樣做　完全氫化油的功用很像天然飽和脂肪，但不像部分氫化油有損健康。不過，我們仍應該避免食用含反式脂肪的產品。以植物性酥油來說，早期常含有大量反式脂肪，但近年來因法規限制，含量已大幅減少，趨近於零。

Q 136 高果糖玉米糖漿是什麼？
對健康有害嗎？

| A | 是一種分解玉米澱粉製成的糖漿。
對人體來說，不宜多吃。

科學原理 玉米糖漿是一種分解玉米澱粉製成的糖漿，製造方法是將玉米浸泡於水中，然後磨成粉末，粉末經數次清洗以溶解澱粉，分離出來後等待乾燥。然後將澱粉混合水及澱粉酶，它們會開始發揮功用，將澱粉分解成小塊的碳水化合物。而另一種酵素葡萄糖澱粉酶，則是將它加入醪液中，將塊狀物進一步分解為葡萄糖分子。天然葡萄糖漿精煉後，接觸了木糖異構酶，將大多數葡萄糖轉為果糖，產出的成品就是高果糖玉米糖漿，其中含有42%的果糖。

果糖幾乎完全由肝臟代謝，儲存於肝臟或用來製造脂肪，而葡萄糖則是由身體的大多數器官及細胞代謝，包括肝臟、紅血球、大腦、肌肉。餐用砂糖是蔗糖，由身體代謝以形成一個葡萄糖分子及一個果糖分子。由於代謝方式的差異，長期下來會如何實質地影響人體，科學上還存有許多爭議，但很明顯的是，許多和高果糖玉米糖漿相關的症狀，多與攝入過多卡路里有關，不一定是糖本身的問題。

你可以這樣做 和其他糖類一樣，高果糖玉米糖漿需適度使用及攝取，不可過量。

Q 137   可以放心食用味精嗎？

| A | **在不過量攝取的情況下，可適度食用。**

科學原理   味精也稱為麩胺酸鈉，是一種天然生成的胺基酸，也是產生鮮味的化合物來源。鮮味及麩胺酸鹽皆是由日本化學家池田菊苗所發現，他也發明了製造麩胺酸或麩胺酸鹽的製程。製程涉及小麥麩質蛋白的酸水解，其本身很高程度地結合麩胺酸鹽。因此，將產出的麩胺酸與碳酸鈉中和，便會製出味精——一種更容易溶解的麩胺酸。不過目前這種製程已被更划算的方式取代，即仰賴麩酸球菌，其生長於裝滿糖與養分的發酵桶中，與釀造啤酒或發酵酒的過程類似。

關於味精影響的雙盲研究中，研究者發現，食用含味精的肉湯與不含味精的「安慰劑」肉湯，兩個群體間的症狀幾乎沒有差異。其他研究發現，當個體食用被告知含有味精、但其實不含味精的安慰劑肉湯，或被問到是否有產生食用味精後的副作用時，回報的症狀有頭痛、偏頭痛、胸痛，但

> 幾乎沒有科學能證明，
> 添加味精到食物中有損健康或會致病。

事實上，他們根本沒有吃到味精。此外，當人們吃下富含麩胺酸鹽的食物，如起司、番茄醬、蘑菇時，並沒有出現和上述相同的症狀，即使這些食物所含的化學成分和味精一樣。

你可以這樣做 在許多不同食物中，都含有天然高濃度的麩胺酸鹽，幾乎沒有科學能證明，添加味精到食物中有損健康或會致病，所以沒有理由避免使用味精。乾燥湯品的調味包一般都含有味精，這類調味包多用來增加風味，食品調味及加工公司 Ac'cent 就是這麼做。

Q138 吃下含人工香料的食物時，需要擔心嗎？

A 事實上，不論是人工或天然香料，都只能適時、適量使用。

科學原理 天然香料是從植物及動物原料中精萃而成，經過加工延長保存期限，進而改善食品中呈現的味道。另一方面，人工香料是實驗室裡化學合成的風味分子，其化學結構與天然香料的主要成分一樣。用於這些製程的試劑（用來製造更複雜化學藥品的基本化學藥品）大多數源於石油，經過精煉以符合嚴格的監管標準。確實人工香料需承受比天然香料更嚴格的安全評估，但一般認為天然香料更安全。然而，天然香料的許多次要成分並沒有經過完整的安全評估，亦可能對人類健康產生未知影響。無論何種情況，天然及人工香料含有許多相同化合物，不管取自天然或人工合

成，都會在我們的大腦中引發相同的回應。

人工與天然香氣之間最重要的差異在於，天然香氣比人工香氣更濃郁。以香草為例，香草豆莢中精萃的香草萃取物，其主要成分為香草精及其他兩百五十種風味及香氣化合物。模擬香草香氣時則以香草精為主，輔以少數次要人工香氣，成為更好的仿造版。用於食譜及烘焙食品時，兩者間的差別細微，但仍可以察覺不同。

支持人工香料的不同論點，是來自於天然香料對生態環境造成的影響。有些植物生長於世界上某些生態系統脆弱的區域，如產出香草的蘭花（香草蘭），因此使用人工香料可幫助減少這些區域的生態壓力。

你可以這樣做 天然及人工香料對健康來說，並沒有太大差異。選擇香料時，應考量香味如何影響食物，而不一定是香料來源是否有益健康。況且，許多人工香料在製造時對環境造成的影響，是低於天然香料的。

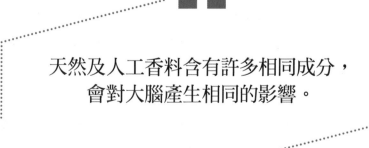

> 天然及人工香料含有許多相同成分，
> 會對大腦產生相同的影響。

Q139 防腐劑能吃嗎？

| A | 能，但不可過量食用。

科學原理 常見的防腐劑有兩種，包括抗菌防腐劑及抗氧化劑，作用各不相同。抗菌防腐劑含有山梨酸鹽、苯甲酸鹽、亞硝酸鹽、硝酸鹽、丙酸鹽，它們的目的是預防微生物增生，例如毒素及導致疾病的黴菌及細菌。其作用與醋中的醋酸或優格中的乳酸大致相似，用來改變食物酸鹼值，以達到不適居住的等級，藉此遏止微生物生長，只是它們在極低濃度下的強度會更強。

舉例來說，山梨酸鹽的濃度通常在 0.023％至 0.1％間，也就是每 100 克食物中含有 25 至 100 毫克，苯甲酸鹽的濃度也大致落在此區間。這些防腐劑都能以極低濃度使用，並不會影響食物風味。研究防腐劑之不良影響的分析顯示，以此劑量食用時的影響最小。反之，長期且少量攝入黴菌及細菌產出的天然毒素，會導致各種過敏、癌症、器官衰竭，甚至死亡。

抗氧化劑則被用來防止食物腐壞或產出難聞氣味，避免接觸氧氣而失去養分。部分常見的抗氧化劑是抗壞血酸（也就是維生素 C）、二丁基羥基甲苯、沒食子酸、乙烯二胺四乙酸、亞硫酸鹽、生育酚（結構與維生素 E 相近的化合物）。抗氧化劑可直接與氧氣發生反應，或清除催化氧與食品的化學成分發生反應的金屬離子。同樣地，許多化合物都已於動物及人體中進行徹底的安全評估，而部分個體可能對亞硝酸鹽有過敏反應。

你可以這樣做 防腐劑不是應該恐懼的毒素或毒藥，醫學界已證實，只要不過量食用，鮮少產生不良反應。事實上，防腐劑可幫助減少許多致命性食物感染疾病的發生率，改善不同種類食物的品質。（編按：在台灣，食品中的添加物用量需符合「食品添加物使用範圍及限量暨規格標準」，不可過量。）

Q 140 食物一定要在保存期限內吃完嗎？

| A | 如果可以，在期限內享用完畢較好。

科學原理 最佳賞味期限指的是，食物在其表現出最佳品質及風味的最後一天；銷售期限則是店面或零售商可以販售該商品的最後一天；冷凍期限是除非食物冷凍起來，否則該日期就是食物品質高峰的最後一天；有效期限則是預期食物開始走向變質或腐壞的日期。有時還會有其他數字與這些日期並列，製造商以此辨別食物製造的日期及時間，這些數字沒有統一規則，但月分通常以英文前三個字母或數字表示，年分及日期通常以一串數字或字母表示。

期限標示並非由法規所規範（除了嬰兒配方奶粉），而是食物製造商決定。這些日期不是食物安全指標，而是指期限內若妥善處理及保存，都可以安全食用。因此作為消費者的你，才是判斷食物是否變質的最佳判斷者。腐壞的徵兆是難聞的氣味、不好的味道、質地改變、出現黴菌，像是

罐頭鼓起、膨脹或有凹痕，表示可能已出現肉毒桿菌，應該避免食用。罐頭若有外傷，可能會產生微小隙縫，使少量細菌進入極低氧環境，進而生成肉毒桿菌並產出毒素。

你可以這樣做　事實上，部分食物超過有效期限時還是可以吃，因為這些期限是製造商評估的食物品質，非關食物安全。只要你能辨別食物腐壞的指標即可，例如顏色及質地改變、難聞氣味、味道不對，以及沒有妥善處理和保存食物。

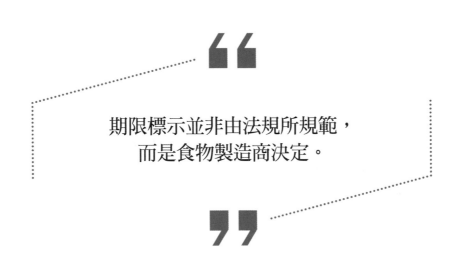

期限標示並非由法規所規範，
而是食物製造商決定。

Q 141 醬油和魚露一旦開封就要冷藏嗎？

| **A** | **不用，放於通風陰涼處即可。**

科學原理 醬油及魚露是由發酵的黃豆、魚，以及可分解蛋白質為胺基酸的酵素製成。以醬油為例，醬油是由米麴菌產出的酵素製成，而魚露中的魚肉本身就含有酵素，隨著魚肉分解而釋出。這兩者都混合大量的鹽及鹽水，保護發酵醬汁不受有害微生物感染。許多病原微生物都對鹽非常敏感，在高鹽環境下就會脫水。隨著醬料熟成，它們會產出更多酸，經過數月或數年發酵後，醬料被過濾及經由巴氏殺菌法以停止發酵過程。由於這兩種產品的高鹽分、高酸度特質，不管存放於室溫下或冰箱裡，都能杜絕微生物的生長，可以讓它們保存得很久，甚至近乎永久。此外，醋、辣椒醬、蠔油及蜂蜜因成分關係，也不需冷藏。

你可以這樣做 放心把醬油或魚露放在櫥櫃裡吧！有害微生物沒有機會進入這些醬料。但如果放進冰箱裡，風味更佳。

Q142 麵包要冷藏嗎？

A 如果想長期保存，就需要放進冷凍庫。

科學原理 小麥穀粒中的澱粉顆粒大多數都是結晶狀，當小麥穀粒被磨成麵粉，混合水形成麵團，在烤箱裡烘烤時，結晶澱粉會開始含水，失去規則形狀，變成無定形且糊化，柔軟的麵包就由此產生。但是，這種無定形狀態只是半穩定形態，隨著時間過去，經過老化及再結晶作用，澱粉會慢慢恢復到結晶狀。因為晶狀澱粉比無定形狀態擠得更滿，水分就會被擠出來，最後水分流失，使麵包變硬且不新鮮。

在室溫下，這些過程發生的速度較慢，但麵包被放進冰箱或冷卻時，低溫會導致麵包澱粉以更快的速度回到最初的結晶形式。

你可以這樣做 若想長期保存麵包，且預防黴菌並確保最佳口感，最好的方式是把麵包放在冷凍庫，要吃多少解凍多少。冷凍溫度下，因為水分子以冰的形式鎖住，會延緩老化作用。或者，如果你打算盡快吃完，直接把麵包放在室溫下亦可。

> 最好的方式是把麵包放在冷凍庫，
> 要吃多少解凍多少。

Q 143　麵包上的霉點切除後，還可以吃嗎？

| A | 建議丟掉，避免因食用而肚子痛。

科學原理　黴菌是真菌的一種形式，其孢子自然存於環境中，當它們在食物上扎根並開始發芽時就會傳播。黴菌孢子耐受度很高，其耐高溫也耐乾燥，所以幾乎所有地方都有它們的蹤跡。就像大多數微生物一樣，黴菌也是透過細胞分裂生長，不同之處在於，它們的細胞可以併成有多重細胞核的大細胞絲網絡，稱為菌絲體，可讓黴菌深入滲透食物。這表示雖然麵包上只有一小塊黴菌，但可能已滲入麵包的其他部分，只是我們看不到。

　　所有黴菌都會分泌酵素到周遭環境中，消化它們可用的蛋白質及碳水化合物，產出可吸收的單醣及胺基酸（這就是為什麼發霉食物會隨著時間變軟）。為了維持微生物的優勢，黴菌會產出名為黴菌毒素的化合物，會對其他微生物及人類有害。數種黴菌都會生長於麵包上，最常見的三種是匐枝根黴（或稱黑麵包黴）、青黴菌屬的菌種，以及分枝孢子菌屬的菌種。黑麵包黴通常不會產出黴菌毒素，但在特定條件下，某些青黴菌屬及分枝孢子菌屬的菌種會產出黴菌毒素，某些人會因此被觸發過敏反應及呼吸道問題。

你可以這樣做　吃下發霉麵包雖然問題不大，但以食物安全層面來看，還是丟掉為妙，因為一個小黴點可能只是冰山一角，卻會讓你痛苦好幾個小時。

Q144 沒熟的番茄要放冰箱保存嗎？

A 放室溫下即可，若一定要冷藏，勿超過三天。

科學原理 番茄含有一種酵素，會產出成熟水果具有的明顯香氣及風味化合物。未熟的番茄放進冰箱時，低溫會使形成香氣及風味的酵素停止作用。即使儲存於冰箱中一至三天，番茄中的酵素也可以再次活化，但若超過三天，番茄就會失去產出風味化合物的能力，這就是為什麼大多數超市中的番茄顏色及風味都很黯淡。

採摘未成熟的番茄，就是切斷番茄藤供給的糖及其他養分。只有底部略帶紅色或黃色色澤的綠色番茄離開藤後，才會繼續熟成，因為它們已具備繼續成長的必要養分。未成熟的番茄也會產出幫助熟成的乙烯氣體，但乙烯不能讓番茄像在樹上一樣熟成。雖然放置香蕉或其他能產出乙烯氣體的水果（請參考 p.124 ～ p.125 的內容），可以讓綠番茄完全變紅，但這個方法不一定會產出我們想要的成熟風味；番茄風味發展所需的時間，比用乙烯加速熟成更多。

你可以這樣做 沒熟的番茄可以放在室溫下，遠離日曬，在食用前就能變成熟。完全熟成的番茄在風味巔峰時，就該立即食用，若冷藏可保存一至兩天，但超過三天就可能會失去風味。如果你以冷藏保存番茄，食用前要先回溫至室溫，才能呈現最好的味道。

Q145　為什麼冰箱裡的蔬菜會發黃或爛掉？

| A | 因為冰箱內屬低溫，會使蔬菜流失水分。

科學原理　只是冰在冰箱幾天，你可能發現紅蘿蔔或西洋芹開始變軟或蔫掉（不新鮮）。確實，所有蔬果都有生命週期，過了某個時間點就會變蔫，接著爛掉。一般情況下，你的蔬果變蔫是因為缺少水分。蔬果的表面都有幫助呼吸的微小毛孔，稱為氣孔。採收後也會持續呼吸氧氣，水分會透過這些氣孔蒸發，讓原始植株的根部重新注入水分。當蔬果被放進冰箱就會快速流失水分，因為冰箱內部的低溫潮濕，是用來保持食物乾燥。隨著水分流失，植物細胞崩解，蔬果就會變蔫或爛掉。

你可以這樣做　要讓蔬果恢復清脆，最簡單的方式就是泡在水中再放進冰箱。就像枯萎的花朵，變蔫的蔬果好好地喝水也可以恢復原貌。

Q 146 冷凍庫如何發揮作用？

| **A** | 透過電動泵循環運作，以製造冷空氣。

科學原理 冷凍庫以電動泵運作，壓縮氣態製冷劑為液態，在電動泵驅動下，快速移動的氣態分子濃縮成體積更小的熱液體。新形成的熱液體被冷凝器線圈抽送出來，熱被輻射到周遭環境中，這就是冷凍庫背面凝聚熱氣的原因。隨著液體被冷卻為室溫，又被膨脹閥吸入蒸發器線圈，再流入冷藏或冷凍庫內部。蒸發器線圈的壓力比冷凝器線圈低，可以讓冷卻液體蒸發並重新膨脹回氣體，最終結果是大部分液體都冷卻下來，冷凍庫中的

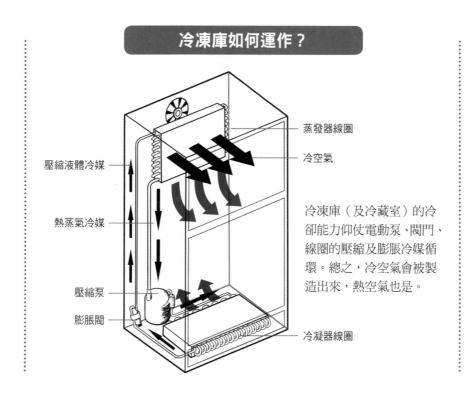

冷凍庫如何運作？

壓縮液體冷媒

熱蒸氣冷媒

壓縮泵

膨脹閥

蒸發器線圈

冷空氣

冷凝器線圈

冷凍庫（及冷藏室）的冷卻能力仰仗電動泵、閥門、線圈的壓縮及膨脹冷媒循環。總之，冷空氣會被製造出來，熱空氣也是。

熱就會被快速膨脹的氣體帶走，溫熱的氣體被重新打回冷凝器線圈，這個過程進入（近乎）無限循環。

　　為了節約能源，冷凍庫會循環運作，當冷凍庫溫度上升到某個溫度，電動泵就會啟動，重新開始冷凍庫的冷卻過程，因此若打開冷凍庫的門，也會觸發啟動。

你可以這樣做　　冷凍庫及冷藏室應該維持在適當溫度。冷藏室應設置為攝氏 4 度至零下 2 度，這個範圍可以減緩細菌生長，又不會凍住食物；而冷凍庫溫度應設置為攝氏零下 18 度，雖然低於零下 18 度可以更快地冷凍食物，但溫度過低可能會增加不必要的電費支出，固定溫度才能維持冰箱的適當運作。

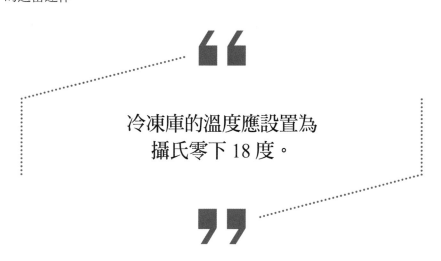

冷凍庫的溫度應設置為
攝氏零下 18 度。

Q147 四季豆放進冷凍庫前，為什麼要先汆燙？

| A | **透過熱水讓內含的酵素失去活性，延長冷凍期限。**

科學原理　一般來說，蔬菜中的養分及酵素在植物細胞中是被分隔的，彼此互相隔離。但是一旦蔬菜冷凍，細胞中的水會擴張，打破細胞壁後接觸到細胞成分。細胞中所含的酵母會影響風味、質地及該蔬菜的顏色，降低品質並縮短保存期限。儘管冷凍溫度下的酵素反應會非常慢，時間久了仍會有反應並影響品質。

蔬菜在滾水中短暫汆燙過後，會讓內含的酵素失去活性，可延長冷凍期限，從兩個月（未汆燙的蔬菜）延長到十二個月。除了四季豆，蘆筍、花椰菜、秋葵在冷凍前汆燙過都能延長冷凍期限。有些蔬菜如甜椒、洋蔥、玉米、番茄，冷凍前都不需汆燙，因為內含的酵素很少，細胞壁相對不易崩解及軟化。

你可以這樣做　將蔬菜放進滾水大鍋中（如果你想要也可以加鹽），煮到蔬菜變清脆軟嫩，大約需 2 至 5 分鐘。接著，快速脫水並放進冷水碗中，停止餘溫烹煮。之後瀝乾蔬菜上的水分，用乾淨的廚房紙巾拍乾，避免水分黏著於蔬菜表面，再放入冷凍庫。

Q₁₄₈ 什麼是「凍燒」？

| A | 食物在冷凍庫中沒有隔絕與空氣的接觸，
流失水分，最後變乾及氧化。

科學原理　雖然在熱天裡水終究會蒸發，不過，若你知道即使冷凍溫度下冰也會蒸發，可能會很驚訝。這就是昇華作用，過程非常慢，但只要空氣足夠乾燥，冰就會蒸發，從一個物質轉移到另一個物質。這就是食物經歷凍燒的過程，即冷凍食品在冷凍庫裡氧化變乾。

　　食物失去水分時，就失去了冷凍的水分子，通常水分子會形成蛋白質、脂肪、碳水化合物、結晶圍籬，作為食物及氧氣間的保護層。隨著水保護層離開，冷凍庫裡的氧氣會開始與食物中的脂肪、色素、風味分子發生反應，將它們轉為非常不受歡迎的分子。結果就是產出褐色、惡臭的食物，這不是微生物造成的腐壞，只是乾燥。

> **"**
>
> 冷凍庫裡的氧氣會開始
> 與食物中的脂肪、色素、風味分子
> 發生反應。
>
> **"**

如果食物已完全乾燥（例如烤麵包屑），凍燒就不會發生，因為沒有足夠水分作為催化劑。凍燒食物的過程需要水分，才能讓氧造成最大傷害。

你可以這樣做 丟掉所有凍燒食物並不是解決辦法，要預防凍燒就要用防水容器緊緊蓋住食物，使水分無法逃脫，空氣也無法輕易接觸食物。

Q149 為什麼冰淇淋冷凍時有結晶？

| A | **因為接觸到溫度波動，造成熟化，形成更大的冰晶所致。**

科學原理 冰淇淋是空氣、水、脂肪球和糖的複雜乳劑，一般是混合糖、奶油及牛奶並慢火燉煮，接著放進冰淇淋機內攪拌。冰淇淋機是一種冷凍碗或冷凍機，攪拌並將混合物冷卻到冰點。攪拌過程中，氣泡會被打進慢慢凍住的混合物中，冰晶開始成長，製造出我們喜愛的美味口感。形成冰淇淋絕妙質地的關鍵是快速形成非常小的冰晶，並在整個混合物中保持均勻分散；一般製造商則會添加乳化劑及穩定劑，以輔助製程。

但是，細小的冰晶一旦接觸到溫度波動，就會經歷奧斯瓦爾德熟化過程，溶解得很慢，重新形成更大的冰晶，和油醋醬分離為油及醋兩個成分是相同概念（個別油滴從乳化劑中分出，再與另一個結合，直到它們完全從醋中分離出來）。這些更大的冰晶帶給冰淇淋粗糙、粗砂般的口感，表示在冷凍庫裡放太久了。

你可以這樣做 奧斯瓦爾德熟化過程是由熱力驅動，為了阻止熟化發生（或至少降低發生的可能性），將冰淇淋放在冷凍庫裡溫度最穩定的區域，即靠後的位置。因為冰淇淋放在靠近門邊或冷凍庫靠前的位置，都可能造成凍燒。

Q 150 解凍肉品最好的方法是放在檯面上、冰箱裡還是流動水中？

| A | 建議在使用前，放進冰箱冷藏室內解凍。

科學原理 在攝氏 4 度至 60 度間，是微生物會快速激增的危險區。美國農業部建議肉品應置於攝氏 4 度以下，以確保沒有細菌，保持溫度的最好方法就是將冷凍肉放在冷藏室，直至完全解凍。如此一來，肉的溫度就不會降至容易孳生細菌的溫度範圍。

肉放在桌上或置於流動水中解凍時，解凍得並不均勻，當肉外部已經從周遭吸取熱能變熱，中心可能還是結凍狀態，就有可能產生細菌。大多數

情況下，如果肉置於危險區內較冷的溫度區，造成腐壞或致病細菌的機率會比較低。但是，如果肉抵達零售店販售前的運輸過程中，沒有妥善處理及儲存，細菌就有可能激增。

你可以這樣做　如果想安全地解凍肉類，建議在使用前一天或更久前，就把冷凍肉放進冷藏室。每 2.3 公斤肉需要的解凍時間是 36 小時，即使是少量肉也需要一整天時間解凍，而牛排、牛絞肉、雞胸及牛肉塊，則需要 24 至 48 小時才能完全解凍。

> **"**
>
> 為了安全地解凍肉類，
> 請在使用前一天或更久前
> 就把肉放進冷藏室。
>
> **"**

【圖解】35 線上賞屋的買房實戰課

最好看的不動產頻道「35 線上賞屋」
首度出書！

房價走勢 ・ 看屋心法 ・ 議價重點，
43 個購屋技巧大公開！

Ted ◎著

體脂少 20%！
我三餐都吃，還是瘦 41kg

從 89 瘦到 48 公斤，增肌減脂一次完成！

海鮮鍋物 ・ 肉品蓋飯 ・ 鹹甜小點，
維持 3 年不復胖，
打造理想體態的 86 道減脂料理。

李姝婀◎著

日日抗癌常備便當

抗癌成功的人都這樣吃！
收錄 110 道抗癌菜色，
在每天吃的便當中加點料，
打造不生病的生活。

濟陽高穗◎著

哈佛醫師的常備抗癌湯

每天喝湯，抗肺炎、病毒最有感！
專攻免疫力、抗癌研究的哈佛醫師，
獨創比藥物更有效的「抗癌湯」！
每天喝 2 碗，輕鬆擊退癌細胞，越喝越健康！

高橋弘◎著

筋膜放鬆修復全書

25 個動作，有效緩解你的疼痛！
以「放鬆筋膜」為基礎，
治療疼痛的必備自助指南。
一套符合全人醫療的身心療法！

阿曼達・奧斯華◎著

好好走路不會老

走 500 步就有 3000 步的效果！
強筋健骨、遠離臥床不起，
最輕鬆的全身運動！
每天走路，就是最好的良藥。

安保雅博、中山恭秀◎著

LOHAS・樂活

原來，食物這樣煮才好吃！

從用油、調味、熱鍋、選食材到保存，150個讓菜色更美味、
廚藝更進步的料理科學

2021年6月初版 定價：新臺幣450元
有著作權・翻印必究
Printed in Taiwan.

著　　者	BRYAN LE	
譯　　者	王　曼　璇	
審　　訂	陳　彥　榮	
叢書主編	陳　永　芬	
校　　對	陳　佩　伶	
內文排版	葉　若　蒂	
封面設計	謝　佳　穎	

出　　版　　者	聯經出版事業股份有限公司	副總編輯	陳　逸　華
地　　　　址	新北市汐止區大同路一段369號1樓	總　編　輯	涂　豐　恩
叢書主編電話	(02)86925588轉5306	總　經　理	陳　芝　宇
台北聯經書房	台北市新生南路三段94號	社　　長	羅　國　俊
電　　　　話	(02)23620308	發　行　人	林　載　爵
台中分公司	台中市北區崇德路一段198號		
暨門市電話	(04)22312023		
台中電子信箱	e-mail：linking2@ms42.hinet.net		
郵政劃撥帳戶第0100559-3號			
郵撥電話	(02)23620308		
印　刷　者	文聯彩色製版印刷有限公司		
總　經　銷	聯合發行股份有限公司		
發　行　所	新北市新店區寶橋路235巷6弄6號2樓		
電　　話	(02)29178022		

行政院新聞局出版事業登記證局版臺業字第0130號

本書如有缺頁，破損，倒裝請寄回台北聯經書房更換。　ISBN　978-957-08-5850-1 (平裝)
聯經網址：www.linkingbooks.com.tw
電子信箱：linking@udngroup.com

國家圖書館出版品預行編目資料

原來，食物這樣煮才好吃！從用油、調味、熱鍋、
選食材到保存，150個讓菜色更美味、廚藝更進步的料理科學/
BRYAN LE著．王曼璇譯．陳彥榮審訂．初版．新北市．聯經．2021年6月．
224面．17×23公分（LOHAS・樂活）
ISBN　978-957-08-5850-1（平裝）

1.烹飪

427.8　　　　　　　　　　　　　　　　　　　110007276